国家级一流本科专业建设成果教材

化学工业出版社"十四五"普通高等教育规划教材

环境催化材料应用实验

高潘潘　主编　　丁佳锋　副主编

化学工业出版社

·北京·

内容简介

随着环境学和材料学的不断发展，环境催化材料的研究内容日益丰富，所涉及的实验方法和研究手段也在不断更新。本书内容贯穿一条主线——环境催化材料的制备与特性表征—环境催化材料的机理分析—环境催化材料在环境污染治理中的应用，系统地将材料化学、分析化学、有机化学、环境化学等实验整合成一门具有独立体系的环境催化实验。精选 37 个实验，具体内容涉及金属基和碳基催化材料的制备与表征、密度泛函理论计算以及环境中典型无机和有机污染物的检测分析和去除效果评价，如重金属、药品与个人护理品、湖库藻类、微塑料等。

本书可作为高等院校环境类、化学化工类、材料类及有关专业的环境催化实验课程教材，也可供相关科研和技术人员参考。

图书在版编目（CIP）数据

环境催化材料应用实验 / 高潘潘主编；丁佳锋副主编. -- 北京：化学工业出版社，2025.5. -- （国家级一流本科专业建设成果教材）. -- ISBN 978-7-122-47757-6

Ⅰ. X505

中国国家版本馆 CIP 数据核字第 2025A9G256 号

责任编辑：满悦芝　　　　　　　　文字编辑：贾羽茜
责任校对：王　静　　　　　　　　装帧设计：张　辉

出版发行：化学工业出版社
　　　　　（北京市东城区青年湖南街 13 号　邮政编码 100011）
印　　装：北京印刷集团有限责任公司
787mm×1092mm　1/16　印张 9　字数 219 千字
2025 年 7 月北京第 1 版第 1 次印刷

购书咨询：010-64518888　　　　售后服务：010-64518899
网　　址：http://www.cip.com.cn
凡购买本书，如有缺损质量问题，本社销售中心负责调换。

定　　价：45.00 元　　　　　　　　版权所有　违者必究

前　言

在全球水资源日益紧张与环境问题愈发严峻的今天，水污染已成为制约经济社会可持续发展的重要因素之一。工业废水、农业面源污染、生活污水等排放源不断向水体中释放有毒有害物质，导致水质恶化，生态系统受损，甚至威胁到人类健康。因此，寻找高效、经济、环保的水污染治理技术，对保护水资源、维护生态平衡、促进社会经济健康发展具有重大意义。

环境催化技术，作为环境科学与材料科学交叉融合的前沿领域，以其独特的优势在环境污染治理中展现出巨大的潜力。催化材料作为环境催化技术的核心，能够通过降低化学反应的活化能，加速污染物向无害或低毒物质的转化过程，从而实现水质的净化和提升。此外，环境催化材料还具有操作简便、能耗低、可重复利用等优点，为环境污染治理提供了一种绿色、可持续的解决方案。

本书分为八章，主要包括环境催化材料的制备、环境催化材料的表征与分析、环境催化材料的机理分析、密度泛函理论计算在环境催化中的应用、环境催化材料在环境污染治理中的应用，共 37 个实验，具体内容涉及金属基和碳基催化材料的制备、环境催化材料的表面特性表征、催化机理分析、密度泛函理论计算以及环境中典型无机和有机污染物的检测分析和去除效果评价，如重金属、药品与个人护理品、湖库藻类、微塑料等。

本书由高潘潘担任主编，具体分工为：第一、三、四、六、七章和附录由高潘潘编写，第二、五章由丁佳锋、高潘潘编写，第八章由郑磊编写，全书最后由高潘潘统编定稿。在本书的编写过程中，还参考了一些专家学者的相关文献资料，并得到了化学工业出版社的帮助和支持，在此一并表示诚挚的感谢。

限于编者学术水平，疏漏和不妥之处在所难免，敬请广大读者不吝指教。

编者

2025 年 4 月

目 录

第一章
环境催化材料的制备

实验1 锰基催化材料的制备——δ-MnO_2

过渡金属纳米材料，因其低成本、高灵敏度、丰富储量、卓越稳定性以及良好再现性引起了研究者的广泛关注与深入研究[1]。其中，二氧化锰（MnO_2）纳米材料具有环境友好、制备简便、能量密度高、比表面积巨大及催化活性显著等独特优势，在吸附技术、催化合成、污染物高效降解以及生物传感器等多个前沿领域展现出巨大的应用潜力和广阔的前景。

MnO_2展现出丰富的晶型多样性，包括α、β、γ、δ和λ型，这些晶型具有独特的结构多样性和氧化态的可变性等特点。其核心结构单元均为MnO_6八面体，而晶型间的差异则源于Mn^{4+}在八面体位点内的不同排列方式。Mn^{3+}与Mn^{4+}之间的可逆转化以及晶体内部结构的多样性，共同促成了MnO_2多样的晶体构型。基于其空间形态，MnO_2主要被划分为层状和隧道状两大结构类别。此外，晶格缺陷、晶体粒径、孔道形态及尺寸的差异，进一步赋予了不同晶体结构MnO_2独特的形貌、物理性质及化学性能。

在废水处理领域，MnO_2作为催化剂或吸附剂，能够有效去除或降解废水中的有机污染物。其独特的物理化学性质使得它能够发生催化氧化反应，将废水中的有机污染物转化为无害的二氧化碳、水或其他低毒性物质。在大气污染控制方面，MnO_2同样展现出优异的催化性能。它可以作为催化剂用于催化燃烧处理挥发性有机物（VOCs）等有害气体。通过催化作用，MnO_2能够降低VOCs等有害气体燃烧所需的温度，从而在较低温度下实现其高效转化，减少大气污染物的排放。在土壤修复领域，MnO_2可用于催化氧化降解土壤中的有机污染物，如多环芳烃、农药等。通过催化作用，这些有机污染物被转化为无害物质或低毒性形态，从而减轻土壤污染程度。

一、实验目的

（1）了解MnO_2的种类和特性。

（2）掌握δ-MnO_2的制备方法。

二、实验原理

本实验采用高锰酸钾与二价锰盐及有机酸混合法制备δ-MnO_2。高锰酸钾是一种强氧化剂，在反应中能够失去氧原子，从而被还原。二价锰盐［如$MnSO_4$、$Mn(CH_3COO)_2$等］中的锰元素以$+2$价存在，是还原剂，在反应中能够接受氧原子，从而被氧化。当高锰酸钾与二价锰盐在溶液中混合时，两者会发生氧化还原反应，生成高价态的锰离子（如Mn^{4+}），这些高价态的锰离子在后续的反应中会进一步转化为 δ-MnO₂。有机酸（如柠檬酸、草酸等）的加入在反应中起到了调节溶液 pH 值和促进沉淀生成的作用，这些沉淀物经过后续的过滤、洗涤和干燥处理，最终得到 δ-MnO₂ 催化材料。

三、仪器与试剂

（一）仪器

(1) 电子分析天平。

(2) 磁力搅拌器。

(3) 烘箱。

(4) 聚四氟乙烯高压反应釜：100mL。

(5) 容量瓶：100mL。

(6) 烧杯：100mL。

(7) 量筒：25mL。

(8) 一次性塑料滴管。

(9) 研钵。

（二）试剂

(1) 2g/L 高锰酸钾溶液：准确称取 0.2000g 高锰酸钾溶于水中，移至 100mL 容量瓶中，用水定容至标线，摇匀。

(2) 2g/L 醋酸锰溶液：准确称取 0.2000g 醋酸锰溶于水中，移至 100mL 容量瓶中，用水定容至标线，摇匀。

(3) 1g/L 柠檬酸溶液：准确称取 0.1000g 柠檬酸溶于水中，移至 100mL 容量瓶中，用水定容至标线，摇匀。

(4) 无水乙醇。

(5) 去离子水。

四、实验步骤

(1) 在搅拌条件下，将 20mL 的 2g/L 醋酸锰溶液逐滴加入 20mL 的 2g/L 高锰酸钾溶液中，持续搅拌 30min。

(2) 再向上述溶液中逐滴加入 20mL 的 1g/L 柠檬酸溶液，继续搅拌 30min。

(3) 将上述混合溶液转移到聚四氟乙烯高压反应釜中，在 150℃烘箱中水热反应 6h。

(4) 自然冷却至室温后，将沉淀物用无水乙醇和去离子水分别冲洗三次，而后在 60℃烘箱中干燥 12h。

(5) 将收集的前驱体研磨均匀后，制得 δ-MnO₂ 催化剂。

五、思考题

(1) 不同种类的二价锰盐和有机酸对最终产物 δ-MnO₂ 的形貌、结构和性能有何影响？

(2) 你认为还有哪些方面可以进行优化以提高 δ-MnO₂ 的制备效率和催化性能？

实验 2　铁基催化材料的制备——纳米零价铁

纳米零价铁（nanoscale zero-valent iron，nZVI）是指粒径在 1～100nm 范围内的零价

铁颗粒。在这个尺度下，纳米零价铁展现出大比表面积、高表面能、强还原性、高反应活性和优异的吸附性等特点。纳米零价铁的粒径非常小，这使得它具有极大的比表面积和极高的比表面能。此外，纳米零价铁还具有独特的"核-壳"结构，有助于保护内部的铁核，防止其被快速氧化，同时也有利于与污染物的接触和反应。由于其小粒径和大比表面积，纳米零价铁的表面反应活性极高，能够迅速与各种污染物发生反应，包括重金属、无机阴离子、放射性元素、卤代有机化合物、硝基芳香化合物等。纳米零价铁中的铁元素处于零价状态，因此具有极强的还原能力，能够捕获或损害有害的氧化剂，如氯离子、硝酸根离子和重金属离子等。纳米零价铁的制备方法主要分为物理法（机械球磨法、气体冷凝法、溅射法）和化学法（液相还原法、溶胶凝胶法、电化学法、气相法、碳热还原法）两大类。

纳米零价铁可用于去除水中的重金属离子（如铅、镉等）、有机污染物（如多氯联苯、染料等）以及硝酸盐等无机污染物，其高反应活性和大比表面积使得纳米零价铁在这些污染物的去除过程中表现出色。通过改性（如负载、硫化等）可以进一步提高纳米零价铁的稳定性和反应活性，从而增强其在水污染控制中的效果。此外，纳米零价铁可用于修复受重金属污染的土壤，通过将其注入土壤中，纳米零价铁能够还原土壤中的重金属离子，使其形成难溶的沉淀物，从而降低重金属在土壤中的迁移性和生物可利用性。纳米零价铁还可用于土壤中有机污染物的降解和催化、气体净化、药物载体等领域。

一、实验目的

（1）了解纳米零价铁的特性。

（2）掌握采用液相还原法制备纳米零价铁的方法。

二、实验原理

在液相还原法中，首先需要将铁盐、亚铁盐（如 $FeCl_3$、$FeSO_4$ 等）溶解在适当的溶剂（如水、乙醇等）中，形成含有铁离子的溶液。然后，向该溶液中加入强还原剂（如硼氢化钠 $NaBH_4$、硼氢化钾 KBH_4、水合肼 $N_2H_4 \cdot H_2O$ 等），这些还原剂具有强还原性，能够将高价态的铁离子还原为零价铁。该法制备过程简单易控，反应速率快，制得的 nZVI 为核-壳结构，粒径为 $60 \sim 80nm$ 且均匀分布，但因 nZVI 极易被氧气氧化，制备过程中需通入氮气作为保护气体。

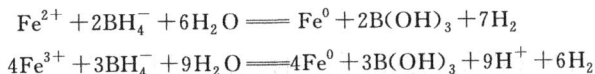

$$Fe^{2+} + 2BH_4^- + 6H_2O == Fe^0 + 2B(OH)_3 + 7H_2$$
$$4Fe^{3+} + 3BH_4^- + 9H_2O == 4Fe^0 + 3B(OH)_3 + 9H^+ + 6H_2$$

三、仪器与试剂

（一）仪器

（1）电子分析天平。

（2）磁力搅拌器。

（3）离心机。

（4）烘箱。

（5）真空低温干燥箱。

（6）容量瓶：100mL。

（7）圆底烧瓶：100mL。

（8）量筒：25mL、50mL。

（9）棕色玻璃瓶。

（二）试剂

（1）0.05mol/L 乙二胺四乙酸（EDTA）溶液：准确称取 1.4600g EDTA 溶于水中，移至 100mL 容量瓶中，用水定容至标线，摇匀，置于塑料瓶中并低温保存。

（2）0.75mol/L 硼氢化钠（$NaBH_4$）溶液：准确称取 2.8500g $NaBH_4$ 溶于水中，移至 100mL 容量瓶中，用水定容至标线，摇匀，置于室温下避光保存。

（3）0.1mol/L 硫酸亚铁（$FeSO_4$）溶液：准确称取 1.5200g $FeSO_4$ 溶于水中，移至 100mL 容量瓶中，用水定容至标线，摇匀，置于室温下避光保存。

（4）无水乙醇。

（5）去离子水。

四、实验步骤

（1）在通入氮气的情况下，将 20mL 0.1mol/L 硫酸亚铁溶液和 20mL 0.05mol/L EDTA 溶液在圆底烧瓶中混合。

（2）在搅拌条件下，向上述混合液中逐滴加入 50mL 0.75mol/L 硼氢化钠溶液，当加入第一滴时，烧瓶中会出现黑色固体颗粒，继续加入 $NaBH_4$ 溶液并持续搅拌 30min。

（3）通过离心分离黑色固体颗粒，所得固体用无水乙醇洗涤 3 次。

（4）将黑色固体颗粒收集在棕色玻璃瓶中，于 50℃ 烘箱中烘干 6h，得到 nZVI 颗粒。

（5）置于棕色玻璃瓶中的 nZVI 颗粒在常温下可保存 3 个月。若需长期保存，将制得的 nZVI 颗粒保存在充满氮气的棕色玻璃瓶中，置于真空低温干燥箱内保存。

五、思考题

（1）实验过程中哪些条件会影响纳米零价铁的粒径和分散性？

（2）后续可采用哪些表征方法来确认所制备 nZVI 的纯度和结构？并分析每种方法的基本原理。

实验 3　生物炭基催化材料的制备

生物炭是一种由富含碳的生物质（如木材、农作物废弃物、动物粪便等）在无氧或缺氧条件下，经过高温裂解生成的一种具有高度芳香化、富含碳素的多孔固体颗粒物质[2]。它几乎是纯碳，含有丰富的孔隙结构和较大的比表面积，且表面含有较多的含氧活性基团，这些特性使得生物炭在土壤改良、固碳减排、重金属及有机污染物吸附等方面表现出色。

生物炭的应用历史悠久，早在旧石器时代，人类就开始使用木炭作为燃料和土壤改良剂。从距今 7000 多年前的河姆渡遗址出土的文物中，就发现了大量夹杂着木炭的黑陶，这表明古代先民已经意识到生物炭在土壤改良中的作用。随着时代的发展，生物炭的应用范围逐渐扩大，从传统的农业用途扩展到现代的环境修复和气候变化应对领域。

生物炭的制备方法多种多样，主要包括热解法、水热炭化法等。其中，热解法是最常用的制备方法之一，根据热解反应温度、压强、升温速度、时间等参数的不同，可分为慢速热解和快速热解。慢速热解是目前应用最广泛的一种生物炭制备技术，具有生物炭产量高的特点；快速热解则能在较短时间内生成大量的小分子气体产物和可凝性的挥发分，但生物炭产率相对较低。此外，还有微波热解、酸活化、碱活化等新型制备方法，这些方法能够进一步改善生物炭的物理化学性质，提高其在各领域的应用效果。

一、实验目的

（1）了解生物炭材料的特性。

（2）掌握铁改性园林废弃物生物炭材料的制备方法。

二、实验原理

热解法制备生物炭的原理是将生物质原料在缺氧或低氧环境下，通过高温裂解反应将其转化为富含碳的多孔固体颗粒物质——生物炭。①原料选择：首先，选择富含碳元素的生物质原料，如农作物秸秆、木材废弃物等，这些原料中的有机物是制备生物炭的主要来源。②预处理：在热解之前，对原料进行必要的预处理，如干燥、粉碎等，以去除其中的水分和杂质，提高热解效率。③热解过程：将预处理后的生物质原料置于无氧或低氧的密闭容器中，通过外部加热使原料温度迅速升高至热解温度范围（通常为 $350\sim700℃$）。在高温下，生物质中的有机物发生一系列复杂的热化学反应，包括脱水、脱羧、脱羰基等，导致大分子有机物裂解成小分子碎片。同时，这些碎片之间会发生缩聚、环化等反应，逐渐形成富含碳的固体产物——生物炭。④产物生成：热解过程中，除了生成生物炭外，还会产生生物油和可燃气体（如 CO、CO_2、H_2、CH_4 等）等副产物。这些产物的生成量和性质取决于原料种类、热解温度、停留时间等因素。⑤产物分离与收集：通过冷却和分离装置将热解产物中的生物炭、生物油和可燃气体分离。生物炭通常以颗粒或粉末形式存在，具有高热值、低挥发性和高孔隙率等特点，可直接用于土壤改良、固碳减排等领域。

三、仪器与试剂

（一）仪器

（1）多功能粉碎机。

（2）筛网：200 目。

（3）电子分析天平。

（4）水浴恒温振荡器。

（5）烘箱。

（6）马弗炉。

（7）容量瓶：1L。

（8）烧杯：500mL。

（二）试剂

（1）园林废弃物。

（2）2.5g/L 氯化铁溶液：准确称取 2.5000g 氯化铁溶于水中，移至 1L 容量瓶中，用水定容至标线，摇匀，常温保存。

四、实验步骤

（1）将园林废弃物原料置于 60℃烘箱中干燥处理 12h，将干燥的园林废弃物破碎后过

200 目筛，筛下物质密封保存备用。

（2）称取 5.0g 筛下园林废弃物原料，加入 500mL 2.5g/L 氯化铁溶液中，将悬浮液置于 25℃的恒温振荡器中连续搅拌 24h，随后于 80℃烘箱中蒸发结晶 12h。

（3）将干燥后的材料置于通 N_2 的马弗炉中热解，设置温度为 500℃，保温 2h，待马弗炉自然冷却至常温后，得到铁改性园林废弃物生物炭材料（记为 Fe-BC），密封保存备用。

五、思考题

（1）热解温度如何影响铁在生物炭表面的分布和形态？

（2）在实验过程中，哪些条件（如铁盐种类、浓度、处理时间、热解温度等）对铁改性生物炭的性能影响最大？如何通过优化这些条件来提高生物炭的性能？

实验 4　氮化碳基催化材料的制备

氮化碳（g-C_3N_4）作为一种非金属和可见光响应的半导体材料，其原料来源丰富、制备成本低廉，具有合适的带隙、良好的物理化学性能、无毒无害等优点，被普遍认为是一种很有潜力的光催化剂，特别适用于可见光下光催化降解有机污染物。g-C_3N_4 结构中，C 和 N 原子以 sp^2 杂化形成高度离域的 π 共轭体系，是一种近似石墨烯的平面二维片层结构，由三嗪环或七嗪（庚嗪）环为基本结构单元无限延伸形成网状结构，二维纳米片层间通过范德瓦耳斯力结合（图 4-1）。g-C_3N_4 的制备方法多样，主要包括固相反应法、溶剂热法、电化学沉积法和热聚合法等。其中，热聚合法因具有操作简便、成本低廉、易于放大等优点，逐渐成为制备 g-C_3N_4 的一种常用和重要的合成方法。

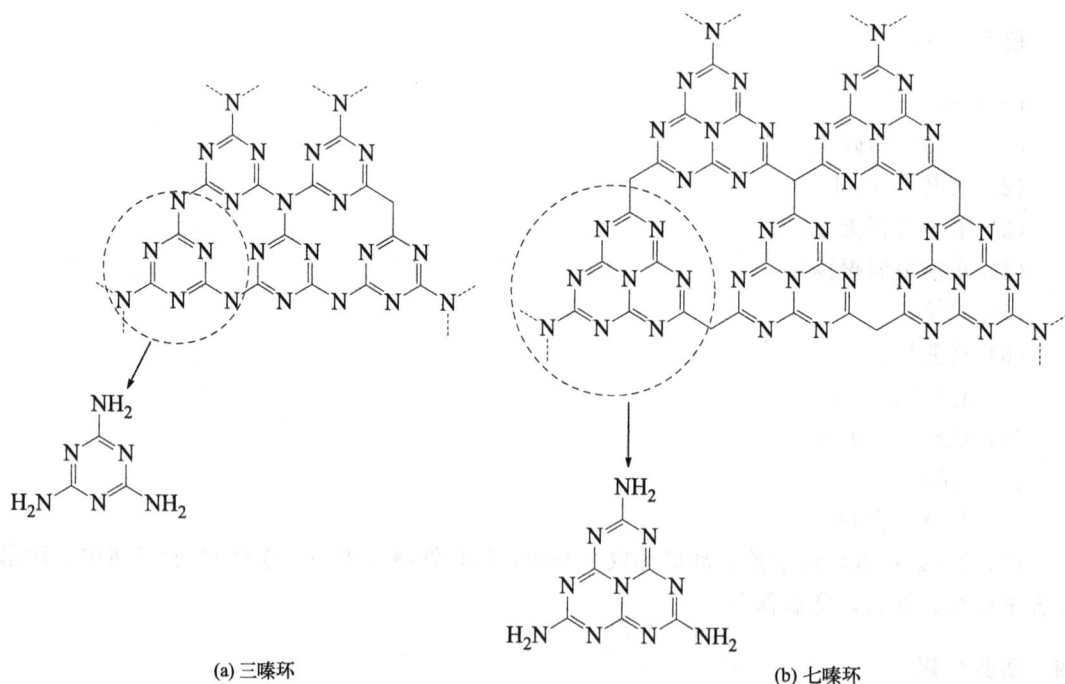

(a) 三嗪环　　　　　　　　　　　　　(b) 七嗪环

图 4-1　g-C_3N_4 的结构模型

　　然而，本体 g-C_3N_4 通常存在比表面积小、光生载流子复合率较高等不足，因此不利于其实际应用。为了提高其光催化反应的效率，有必要开发多种策略，如形貌调控、助催化剂负载和元素掺杂等，其中，元素掺杂法因操作简单、能有效提高光催化活性而得到广泛应用。本实验以三聚氰胺和 $Fe(NO_3)_3 \cdot 9H_2O$ 为原料制备 Fe 掺杂 g-C_3N_4 催化剂（记为 Fe/g-C_3N_4）。铁以 Fe^{3+} 形式掺杂在 g-C_3N_4 结构单元中，并且与 N 原子形成 Fe—N 配键，改变了 g-C_3N_4 的电子结构，降低了带隙能，提高了对可见光的吸收，可有效抑制光生电子-空穴对的复合。

一、实验目的

　　(1) 了解氮化碳基催化材料的结构特点。
　　(2) 掌握铁掺杂氮化碳的制备方法。

二、实验原理

　　本实验采用热聚合法制备 Fe/g-C_3N_4 催化剂，通过热聚合反应将含有 Fe 元素的前驱体 [如 $Fe(NO_3)_3 \cdot 9H_2O$] 与 g-C_3N_4 的前驱体（如三聚氰胺）在高温下反应，形成 Fe 掺杂的 g-C_3N_4。该方法具有如下优点：制备过程相对简单，适合实验室规模制备；所得产物在可见光条件下可结合光催化与芬顿氧化反应过程进行污染物的联合降解；由于存在稳定的 Fe—N，催化剂在碱性环境下也能保持良好的催化反应活性。

三、仪器与试剂

(一) 仪器
　　(1) 电子分析天平。
　　(2) 超声波分散仪。
　　(3) 磁力搅拌器。
　　(4) 水浴锅。
　　(5) 烘箱。
　　(6) 管式炉。
　　(7) 研钵。
　　(8) 烧杯：50mL。
　　(9) 量筒：50mL。

(二) 试剂
　　(1) 硝酸铁 [$Fe(NO_3)_3 \cdot 9H_2O$]。
　　(2) 三聚氰胺。
　　(3) 去离子水。

四、实验步骤

　　(1) 准确称取 0.2000g $Fe(NO_3)_3 \cdot 9H_2O$ 和 10.0000g 三聚氰胺，溶于 30mL 去离子水中，搅拌均匀后，超声分散 1h，得到悬浮液。
　　(2) 将悬浮液转移到 80℃ 水浴锅中，边加热边搅拌至水分完全蒸干，放入 60℃ 烘箱中干燥 12h。

（3）将干燥的前驱体研磨成粉，以 $5℃/min$ 的升温速率在 $700℃$ 管式炉中碳化 4h。

（4）待碳化结束后取出样品，研磨成粉末，即得到 $Fe/g\text{-}C_3N_4$ 催化剂。

（5）在不添加 $Fe(NO_3)_3\cdot9H_2O$ 的情况下，其他条件保持不变，得到纯 $g\text{-}C_3N_4$ 材料。

五、思考题

（1）实验中选择不同的前驱体（如双聚氰胺、尿素、氯化铁、硫酸铁等）对最终制备的 $Fe/g\text{-}C_3N_4$ 催化剂的性能有何影响？

（2）简要分析热解温度、保温时间等条件对 $Fe/g\text{-}C_3N_4$ 催化剂形貌、结构及性能的影响。

<h3 style="text-align:center">实验 5　碳基单原子催化材料的制备</h3>

自 2011 年张涛院士团队将孤立的铂原子锚定在 FeO_x 纳米晶表面，首次提出单原子催化剂（single-atom catalysts，SACs）的概念以来[3]，SACs 备受研究者的青睐，这是由于 SACs 兼具均相催化剂"孤立活性位点"和多相催化剂"稳定易分离"的特点，能够最大限度地提高原子利用效率和固有催化活性，被认为是开辟均相催化剂多相化的新途径，成为联结均相与多相催化的桥梁。2018 年，科学家开创性地将 SACs 引入类芬顿（Fenton）催化反应中[4]，从此开启了 SACs 在环境修复领域的应用研究。然而，孤立的金属原子所含较高的表面能会导致单原子金属聚集形成金属团簇，从而极大地降低其催化活性。通过适当的键合方式或空间约束法，在独特的几何结构中将单个金属原子固定在目标锚定位点上是解决单原子催化剂易发生团聚的有效方法，从本质上提高其活性、耐久性和选择性等催化性能。

碳基单原子催化剂，顾名思义，是以碳材料为载体的单原子催化剂。这类催化剂将孤立的单个金属原子均匀分散在碳材料上，每个单独的原子之间不存在任何形式的相互作用。这种独特的结构使得碳基单原子催化剂在催化反应中表现出极高的活性和选择性、高原子效率以及良好的稳定性。

一、实验目的

（1）了解热聚合法的基本原理与操作步骤。

（2）掌握碳基单原子催化剂的制备方法。

二、实验原理

热聚合法主要利用高温条件促使前驱体材料（如富含氮或碳的有机物）发生聚合反应，形成具有特定结构的碳基材料。在此过程中，通过精确控制反应条件（如温度、气氛和时间），将金属原子或离子均匀地分散并稳定地锚定在碳基质中，从而制得碳基单原子催化剂。该方法的关键在于前驱体的选择和反应条件的优化。前驱体应富含氮或碳元素，以便在高温下形成稳定的碳基结构。同时，需严格控制反应条件，以确保金属原子或离子能够高度分散并避免发生团聚现象。热聚合法制备的碳基单原子催化剂具有优异的催化性能，如高活性、高选择性和良好的稳定性，这主要得益于其独特的单原子分散结构和碳材料的优异物理化学性质。此外，该方法还具有操作简便、成本低廉等优点，在电化学能量转换与储存、多相催化等领域具有广阔的应用前景。

三、仪器与试剂

（一）仪器

（1）电子分析天平。

（2）磁力搅拌器。

（3）水浴锅。

（4）管式炉。

（5）烘箱。

（6）烧杯：100mL。

（7）容量瓶：100mL。

（8）研钵。

（二）试剂

（1）三聚氰胺（$C_3H_6N_6$）。

（2）硝酸锰 $[Mn(NO_3)_2 \cdot 4H_2O]$。

（3）乙二醇。

（4）28% HNO_3：移取 43.08mL 浓硝酸（65%）溶于适量水中，转移至 100mL 容量瓶中，用水定容至标线，摇匀。

（5）无水乙醇。

（6）去离子水。

四、实验步骤

（1）在 60℃水浴条件下，将 2.5220g 三聚氰胺和 0.2500g $Mn(NO_3)_2 \cdot 4H_2O$ 分别溶于 60mL 乙二醇和 20mL 去离子水中。

（2）在磁力搅拌条件下，将硝酸锰溶液缓慢加入乙二醇溶液中。

（3）向混合物中加入 5mL 的 28% HNO_3，静置 2h 后，得到水凝胶。

（4）所得水凝胶用无水乙醇洗涤 3 次，并在 60℃烘箱中干燥 12h。

（5）将干燥的前驱体研磨成粉，并放入通 N_2 的管式炉中，以 5℃/min 的升温速率在 550℃下煅烧 4h，以获得碳基单原子锰催化剂（记为 SA-Mn@g-C$_3$N$_4$），合成路径见图 5-1。

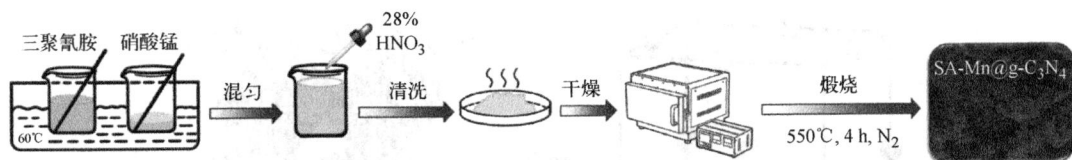

图 5-1　SA-Mn@g-C₃N₄ 合成路径示意图

（6）改变 $Mn(NO_3)_2 \cdot 4H_2O$ 的投加量（0g、0.2500g、0.7500g、1.2500g、1.7500g、2.5000g），其他条件不变，将得到的材料分别标记为 CN、MCN-1、MCN-3、MCN-5、MCN-7、MCN-10。

五、思考题

（1）为什么选择热聚合法来制备碳基单原子催化剂？与其他方法相比，该方法有哪些优缺点？

（2）如何控制实验条件以确保金属原子在碳基质中的均匀分散？

（3）碳基单原子催化剂的哪些结构特性对其催化性能有重要影响？如何通过实验手段进行表征？

实验 6　钙钛矿型催化材料的制备

钙钛矿型催化剂的研究始于 20 世纪 70 年代初，Libby 对含稀土和钴的钙钛矿型氧化物进行了系统研究，提出用钙钛矿结构的氧化物代替贵金属用于汽车尾气净化催化剂具有潜在的可能。此后，Voorhoeve 等对稀土钙钛矿型催化剂进行了深入研究，发现含稀土的钴酸盐和锰酸盐在完全氧化反应方面显示了极高的催化活性。近年来，钙钛矿型催化剂凭借稳定的晶型结构、优良的热稳定性、较强的机械强度以及优异的催化活性，被广泛应用于废气和汽车尾气的处理以及环境中污染物的修复等。随着研究的深入，钙钛矿型催化剂的制备方法不断改进，主要包括机械混合法、化学共沉淀法、溶胶-凝胶法、水热法以及微乳液法等。

钙钛矿作为一种复合型氧化物，其化学通式为 ABO_3，理想结构为立方结构，如图 6-1 所示，B 原子与它最近邻的氧原子形成 BO_6 八面体，BO_6 八面体规则排列形成三维网络，A 原子位于 8 个相邻 BO_6 八面体的空隙之中。A 位大部分为稀土元素（La、Bi、Ce、Sr 等），B 位为过渡金属元素（Co、Mn、Fe、Cu 等），二者通过一定的配位作用，形成稳定的钙钛矿晶型。钛矿结构的稳定性可以通过戈德施密特（Goldschmidt）容限因子（t）来评定：

$$t = \frac{R_A + R_O}{\sqrt{2}(R_B + R_O)}$$

式中，R_A、R_B 和 R_O 分别代表 A 位、B 位阳离子和氧离子的半径。当 t 处于 0.75～1.1 之间时，一般都能形成钙钛矿结构晶体，其中 $0.75 < t < 0.96$ 时，形成正交钙钛矿结构，$0.96 < t < 1$ 时，倾向于形成六方钙钛矿结构，$t = 1$ 时为立方钙钛矿结构，$1 < t < 1.1$ 时往往形成四方钙钛矿结构，当 $t < 0.75$ 或者 $t > 1.1$ 时，晶体不能形成稳定钙钛矿，$t < 0.75$ 时倾向于变为刚玉型结构，$t > 1.1$ 时则变成方解石结构。

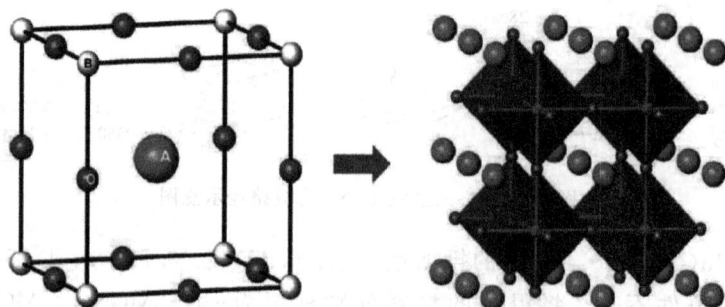

图 6-1　钙钛矿理想结构示意图

钙钛矿型复合氧化物的催化特性主要体现在以下几方面。①B位阳离子的可逆氧化态。B位阳离子不同价态之间的氧化还原特性（$B^{2+} \rightleftharpoons B^{3+}$，$B^{3+} \rightleftharpoons B^{4+}$）被认为是其催化氧化的关键因素，可以通过在制备过程中改变合成参数来调节B位阳离子的氧化态，如煅烧温度、A/B位阳离子的非化学计量数及用低价或高价阳离子取代A/B位阳离子。②晶格氧的活动度和迁移性较强。催化材料中晶格氧的活动度反映的是结构中晶格氧的反应活性，由氧和金属之间形成键的强度决定；晶格氧的迁移性表现为在催化剂表面和反应物之间，晶格氧在晶格空位之间移动的难易程度，晶格氧迁移性与催化剂中存在的氧空位数量有关。由于钙钛矿型复合氧化物结构中晶格氧活动度和迁移性强，钙钛矿催化氧化还原反应具有优良的反应活性。③具有良好的化学稳定性和热稳定性。钙钛矿的制备方法很多，一般最后的处理步骤都为高温焙烧，高温下形成的钙钛矿复合氧化物具有良好的热稳定性和化学稳定性[5]。

一、实验目的

（1）了解水热法的基本原理。

（2）掌握 $LaMnO_3$ 钙钛矿的制备方法。

二、实验原理

水热法是一种在高温高压环境下，利用水溶液中物质的化学反应进行材料合成的方法。该方法通过控制反应体系的温度、压力、溶液成分（如碱度）以及反应时间等条件，促进前驱体在水溶液中的溶解、反应和结晶过程，最终生成具有钙钛矿结构的晶体。

本实验中，首先需要准备含有镧、锰和氧元素的前驱体溶液，并调整溶液的碱度至适宜范围。随后，将前驱体溶液置于高压反应釜中，在高温高压条件下进行反应。反应过程中，前驱体发生水解、缩聚等化学反应，逐渐形成 $LaMnO_3$ 的晶核，并随着反应的进行逐渐成为完整的晶体。水热法合成钙钛矿型催化剂的优势在于其能够制备出结晶度高、纯度高、形貌可控的钙钛矿材料。此外，该方法还具有操作简单、成本低廉、易于实现工业化生产等优点。

三、仪器与试剂

（一）仪器

（1）电子分析天平。

（2）磁力搅拌器。

（3）水浴锅。

（4）管式炉。

（5）烘箱。

（6）聚四氟乙烯高压反应釜：100mL。

（7）烧杯：100mL。

（8）容量瓶：100mL。

（9）研钵。

（二）试剂

（1）硝酸镧 $[La(NO_3)_3 \cdot 6H_2O]$。

（2）硝酸锰 $[Mn(NO_3)_2 \cdot 4H_2O]$。

（3）0.5mol/L KOH 溶液：准确称取 2.8000g KOH 溶于水中，移至 100mL 容量瓶中，用水定容至标线，摇匀。

（4）甘氨酸。

（5）无水乙醇。

（6）去离子水。

四、实验步骤

（1）在室温条件下，将 1.3000g 硝酸镧 $[La(NO_3)_3 \cdot 6H_2O]$ 和 0.7500g 硝酸锰 $[Mn(NO_3)_2 \cdot 4H_2O]$ 溶于 40mL 去离子水中。

（2）在磁力搅拌条件下，将 20mL 0.5mol/L KOH 溶液逐滴添加到上述溶液中，并持续混合搅拌 2h，促使沉淀完全，再加入 0.06g 甘氨酸。

（3）将上述混合物转移到聚四氟乙烯高压反应釜中，在 180℃烘箱中水热反应 12h。

（4）自然冷却至室温后，将沉淀物用无水乙醇和去离子水分别冲洗三次，而后在 60℃烘箱中干燥 12h。

（5）将收集的前驱体研磨均匀后，在管式炉中以 5℃/min 的升温速率在 700℃下煅烧 5h，以获得 $LaMnO_3$ 钙钛矿，合成路径见图 6-2。

图 6-2　$LaMnO_3$ 钙钛矿合成路径示意图

五、思考题

（1）简要分析常见的钙钛矿型催化剂合成方法的优缺点。

（2）不同反应温度对 $LaMnO_3$ 钙钛矿晶体结构有何影响？请结合实验现象和理论分析进行阐述。

实验 7　Zn-MOFs 催化材料的制备

金属有机框架（metal organic frameworks，MOFs）材料是一种高度有序、多孔且结构可调的晶体材料，由金属离子或金属簇与有机配体通过配位键自组装而成（图 7-1）。这种独特的结合方式赋予了 MOFs 材料一系列引人注目的物理化学性质，使其成为近年来材料科学、化学工程、环境科学以及生物医学等多个领域的研究热点。MOFs 材料种类繁多，主要包括网状金属有机骨架系列（IRMOFs）、类沸石咪唑骨架系列（ZIFs）、莱瓦希尔骨架系列（MILs）、铜基金属有机骨架系列（HKUST）、锆基金属有机骨架系列（UiO）、生物金属有机骨架系列（Bio-MOFs）等。

类沸石咪唑骨架结构材料（ZIFs）是以二价过渡金属与含咪唑基配体构筑，具有沸石拓扑结构的一种新型多孔晶体材料。ZIFs 材料表现出孔大小可调、比表面积大、结构多样和

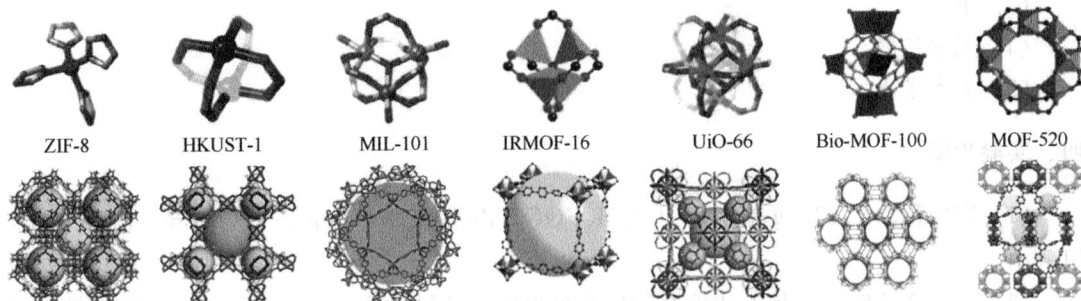

图 7-1 基于不同次级结构单元的常见 MOFs 材料

新颖等特点，同时具有较高的热力学和化学稳定性能及憎水性能，被广泛应用于气体吸附与分离、催化、药物传输与缓释、超级电容器等领域。

一、实验目的

（1）了解 MOFs 材料的种类和特性。

（2）掌握 ZIF-8 材料的制备方法。

二、实验原理

本实验采用溶剂热法制备 ZIF-8 催化剂。溶剂热法的实验原理主要基于高温高压下溶剂对反应物的溶解和传输作用，以及在此条件下 MOFs 晶体的形成过程。其中，溶剂不仅是反应物的介质，还起到传递压力、促进反应物溶解和反应物分子间相互作用的作用。常用的溶剂包括 N,N-二甲基甲酰胺、甲醇、乙醇等，具体选择取决于金属离子和有机配体的性质。将反应物密闭在高压釜等反应容器中，通过加热使溶剂达到高温高压状态，这种环境有利于反应物在溶剂中的溶解和扩散，从而增加反应物分子间的碰撞机会，促进化学反应的进行。在高温高压下，金属离子与有机配体在溶剂中发生配位反应，形成金属-有机配位化合物。随着反应的进行，这些化合物逐渐聚集成核，并通过自组装过程形成具有特定结构和孔隙率的 MOFs 晶体。反应完成后，通过冷却、过滤、洗涤和干燥等步骤对产物进行纯化，得到高纯度的 MOFs 晶体。此过程中，溶剂的挥发和去除对形成完整、致密的 MOFs 晶体结构至关重要。

三、仪器与试剂

（一）仪器

（1）电子分析天平。

（2）磁力搅拌器。

（3）烘箱。

（4）聚四氟乙烯高压反应釜：100mL。

（5）烧杯：100mL。

（二）试剂

（1）醋酸锌 $[(CH_3COO)_2Zn]$。

（2）2-甲基咪唑。

  （3）甲醇。

  （4）无水乙醇。

  （5）去离子水。

四、实验步骤

  （1）准确称取 1.8300g 醋酸锌 $[(CH_3COO)_2Zn]$ 和 2.4600g 2-甲基咪唑，溶于 60mL 甲醇中。

  （2）待完全溶解后，将上述混合物转移到聚四氟乙烯高压反应釜中，在 120℃烘箱中水热反应 72h。

  （3）自然冷却至室温后，将沉淀物用无水乙醇和去离子水分别冲洗三次，而后在 60℃烘箱中干燥 12h，以获得 ZIF-8 催化剂。

五、思考题

  （1）ZIF-8 的组成与结构特点是什么？

  （2）在溶剂热法合成 ZIF-8 的过程中，哪些因素可能影响产物的晶体形貌和性能？如何控制这些因素以优化合成条件？

第二章
环境催化材料的表征与分析

实验 8 环境催化材料的晶型表征与分析

环境催化技术的核心在于利用催化材料加速化学反应速率，降低反应活化能，从而高效、低能耗地处理污染物。环境催化材料作为这一技术的关键组成部分，其性能直接决定了催化效果的好坏[6]。

晶型作为催化材料的重要结构特征之一，对材料的催化性能具有显著影响。不同晶型的催化材料在表面结构、活性位点分布、电子结构等方面存在差异，这些差异进一步影响了材料对污染物的吸附、活化及转化能力。因此，对环境催化材料的晶型进行表征与分析，对于优化催化材料性能、提高催化效率具有重要意义。

X 射线衍射技术（X-ray diffraction，XRD）是表征材料晶型结构最常用的方法之一。通过测量材料对 X 射线的衍射图谱，可以分析出材料的晶体结构、晶胞参数、物相组成等信息。在环境催化领域，XRD 常被用于确定催化材料的物相组成和晶型结构。

一、实验目的

（1）了解 X 射线衍射仪的基本工作原理。
（2）学习 X 射线衍射物相定性分析的方法。

二、实验原理

XRD 是一种利用晶体形成的 X 射线衍射，对物质内部原子在空间中的分布状况进行分析的方法。其基本原理在于 X 射线管发射出的 X 射线照射到试样上，产生衍射现象。这些衍射的 X 射线随后被辐射探测器接收，并经过测量电路放大处理，最终在显示或记录装置上给出精确的衍射线位置、强度和线形等衍射数据。

当 X 射线与物质作用时，其能量转换主要分为三部分：一部分被散射，一部分被吸收，还有一部分则通过物质继续沿原来方向传播。在散射的 X 射线中，与入射 X 射线波长相同的 X 射线在晶体中产生衍射现象。这是因为当晶面间距产生的光程差等于波长的整数倍时，会发生衍射，这是晶态物质特有的现象。

衍射现象的发生必须满足布拉格公式：$2d\sin\theta = n\lambda$。其中 d 是晶面间距，θ 是布拉格角度，λ 是 X 射线的波长，n 是反射级数。当 X 射线照射到样品时，晶体中各原子的散射 X 射线发生干涉，会在特定的方向产生强的 X 射线衍射线（图 8-1）。这些衍射线携带着晶体结构的信息，通过测量这些衍射线的位置和强度，可以推断出晶体的结构。

在 XRD 实验中，旋转样品检测器到达特征角度时，记录收集到的散射 X 射线的强度峰

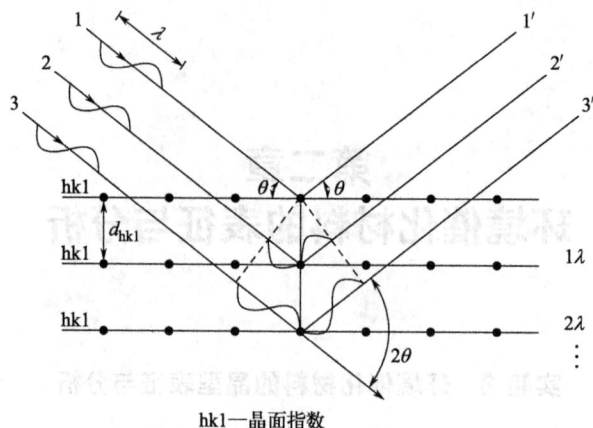

图 8-1　X 射线在晶格上的衍射

值。同步运动记录、监测仪器接收到的信号，并绘制成图表波形的峰值，这些峰值能反映试样的结构特征。通过 XRD 图谱，可以分析测定物质的晶体结构、织构及应力等信息。数据分析时，会使用仪器配套软件和数据库来识别光谱的每个峰，并将它们与晶体排列的特定对称性联系起来。峰值的相对强度受到多种因素的影响，包括材料吸收 X 射线的能力、XRD实验样品的几何形状以及材料的内部微观结构等。

三、仪器与试剂

（一）仪器

（1）Rigaku D/max-rB 型 X 射线衍射仪。

（2）玛瑙研钵。

（3）平板玻璃 20cm×30cm。

（4）样品板。

（二）试剂

待测催化材料。

四、实验步骤

（一）样品准备

（1）将待测催化材料在玛瑙研钵中研磨，用手指按压无颗粒感即可。

（2）将样品板擦净后放在玻璃板上，有孔一面向上，将待测催化材料加到样品板孔中，略高于样品板，用另一块玻璃片将样品压平、压实，除去多余样品。

（二）开机

（1）打开仪器总电源。

（2）开启"循环水冷机"电源开关，待温度面板出现温度显示后，将"RUN/STOP"开关拨到"RUN"。

（3）开启 XRD 主机背后的电源开关，一定要先向下扳。

（4）开启计算机。

（5）双击"Rigaku"→"Control"，双击"XG operation"图标，出现"XG control RINT2220Target：CU"对话框，点击"power on"图标，等"红绿灯"图标的绿灯变亮后

点击"X-Ray on"图标，主机"X-Ray"指示灯亮，X射线正常启动，双击"Executing aging"，主机将自动将电压加到30kV，电流加至40mA，完成X光管老化。

（三）样品测试

（1）按主机上"Door"按钮，轻轻拉开样品室的防护门，将制备好的样品插入样品台，并对准中线，再缓慢关闭防护门。

（2）双击文件夹"Rigaku"→"right measurement"，双击"standard measurement"图标，则出现"standard measurement"对话框。

（3）在"standard measurement"对话框中，双击"condition"下的数字，修改样品测试的参数。$Cu:K_\alpha$为辐射源。管电压：35V。管电流：20mA。限制狭缝：1°。发射狭缝：1°。接收狭缝：0.3°。扫描速度：5 °/min。时间常数：0.1×20。记录纸速度：40mm/min。分析范围：5°～80°。

（4）在"standard measurement"对话框中，输入样品测试的保存文件信息，即子目录路径"folder name"、文件名"file name"及样品名称"sample name"。

（5）单击"executing measurement"图标，出现"right console"对话框，仪器开始自检，等出现提示框"please change to 10mm!"时，单击"OK"，仪器开始自动扫描并保存数据。

（四）关机

（1）全部样品测试完成后，双击文件夹"Rigaku"→"Control"，双击"XG operation"图标，出现"XG control RINT2220Target：CU"对话框。

（2）在"XG control RINT2220Target：CU"对话框中，先单击"set"将电流升至40mA，电压升至40kV，再将电流降至2mA，电压降至20kV，然后单击"X-Ray off"图标，主机"X-Ray"指示灯灭，X射线关闭，等"红绿灯"图标的绿灯变亮后，单击"power off"图标，即主机电源关闭。

（3）主机电源关闭半小时后，关闭循环冷却水系统，即先将"RUN/STOP"开关拨到"STOP"，再关闭其电源开关。

（4）最后关闭总电源，测试结束。

五、数据处理

（1）针对每个衍射峰的2θ值，求出对应的面间距d值，并按其相对强度I/I_0的大小列表。

（2）根据上表列出的实验结果，查索引和JCPDS卡片对照进行物相分析并确定未知样品。

（3）以$LaMnO_3$钙钛矿为例，其XRD图谱如图8-2所示。

六、思考题

（1）如何通过XRD图谱确定环境催化材料的晶型？

（2）如何通过XRD图谱估算晶粒尺寸？

（3）XRD图谱中的衍射峰强度受哪些因素影响？

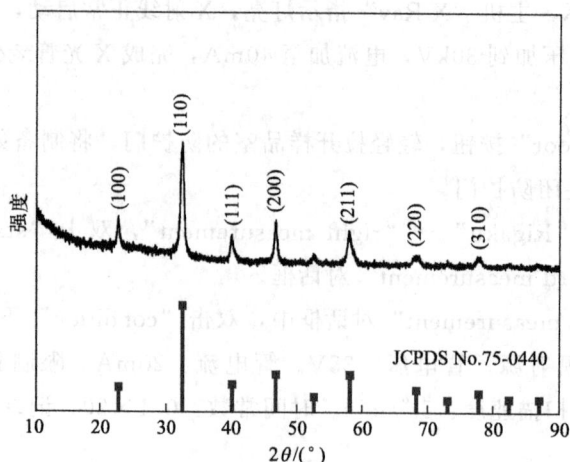

图 8-2 LaMnO₃ 钙钛矿的 XRD 图谱[7]

实验 9 环境催化材料的表面形貌表征与分析

环境催化材料的性能主要取决于其表面特性，包括表面形貌、化学组成、表面能等。表面形貌作为催化剂的重要物理特性之一，直接影响催化剂的比表面积、活性位点数量以及反应物在催化剂表面的吸附和脱附行为。因此，通过表征和分析环境催化材料的表面形貌，可以揭示催化剂表面结构与性能之间的关系，为催化剂的优化设计提供科学依据。例如，纳米颗粒的大小、形状和分布会显著影响其比表面积和催化活性，表面的粗糙度和缺陷则可能提供额外的催化活性位点，提高催化效率。

催化反应是一个复杂的过程，涉及反应物在催化剂表面的吸附、活化、转化和脱附等多个步骤。表面形貌作为催化剂与反应物相互作用的直接界面，对催化反应的机理具有重要影响。通过表征和分析环境催化材料的表面形貌，可以观察催化剂表面在反应过程中的变化，揭示催化反应的微观历程和反应机理。这对深入理解催化作用的本质，指导催化剂的设计和合成具有重要意义。

随着表征技术的不断进步，如扫描电子显微镜（SEM）、透射电子显微镜（TEM）以及原子力显微镜（AFM）等先进分析手段的应用，为环境催化材料的表面形貌表征与分析提供了强有力的技术支持。这些技术不仅能够提供催化剂表面形貌的高分辨率图像，还能揭示催化剂表面的化学组成和微观结构信息，为深入研究催化剂的性能和机理提供了丰富的数据支持。

一、实验目的

（1）了解扫描电子显微镜的结构及成像原理。

（2）学习利用扫描电子显微镜观察样品表面形貌的方法。

二、实验原理

扫描电子显微镜（scanning electronic microscopy，SEM）主要有三个部分：电子光学系统、信号检测放大系统及真空和电源系统。当具有一定能量的入射电子束轰击样品表面时，超过99％的入射电子能量会转变成样品热能而损失掉，剩余少于1％的入射电子将从样品中激发出各种信号，如二次电子、背散射电子、吸收电子、透射电子以及X射线等。扫描电镜就是通过采集和分析这些电子所携带的信息，达到对照射样品进行分析的目的。与光学显微镜相比，扫描电镜具有一些显著的优点：其一，样品制备简单；其二，分辨率高，一般可达到5～10nm；其三，放大倍数比较大，虽不及透射电镜，但也可以达到约20万倍。

三、仪器与试剂

（一）仪器

（1）日立台式扫描电子显微镜TM3000。

（2）真空镀金设备。

（二）试剂

（1）待测催化材料。

（2）导电胶。

四、实验步骤

（一）开机

（1）插上电源插头。

（2）打开主机右侧的电源开关。

（3）主机正面右下方显示面板蓝灯闪动，说明真空系统已自动启动，待蓝灯长亮，说明仪器抽真空完毕。

（4）将电脑打开，双击桌面上"TM3000"图标，启动程序。

（二）样品准备

（1）块状样品：用导电胶将样品粘在样品台上。

（2）粉末样品：剪一小块导电胶粘在样品台上，用牙签蘸取少量样品抹在导电胶表面，用洗耳球吹掉多余的粉末。

（3）对于导电样品可以直接进行测试；对于不导电或导电性差的样品，需要进行导电处理以提高其导电性。

（4）将样品台固定在样品支架上，并调节样品台高度，使样品表面与测高台的距离控制在1mm左右。

（三）安装样品台

（1）按主机正面右下方的"抽气/放气"切换键放气，黄灯闪动表示正在放气，待黄灯长亮，说明放气完毕，可以打开样品室。

（2）慢慢地把样品座拖出，把样品支架插到样品座上，用内六角螺丝刀将样品支架固定在样品座上。

（3）旋转X、Y轴旋钮，调整样品台的位置对中。

（4）将样品座轻轻推回样品室，听到"哒"一声，表示样品室已关好，按下"抽气/放气"按键开始抽真空，蓝灯闪动表示气泵工作状态正常，待蓝灯长亮，说明抽真空完毕，可以加高压开始实验。

（四）观察样品

（1）按操作界面左上角的"start"按钮，仪器将自动加高压及束流。

（2）旋转主机面板上 X、Y 轴旋钮调整样品位置，选择观察区域。

（3）调整放大倍数、亮度对比度及对焦，自动对焦用"Auto Focus"，自动调亮度对比度用"Auto B/C"，手动调节将鼠标移到特定区域，按住左键左右滑动微调。

（4）如果样品表面出现电荷富集的情况，可以将观察模式切换到"减轻电荷模式"观察。切换方法：Setting → Observation Mode → Change-up Reduction Mode。此时观察窗下的信息栏应显示"NL"（标准模式下为"N"）。

（五）保存图像

按操作界面右上角的"quick save"和"save"均可保存图像，quick save 模式保存的图像规格是 640＊480 像素，save 模式保存的是 1280＊960 像素。

（六）更换样品

（1）按操作界面左上角的"stop"按键，仪器将自动降电流卸高压。

（2）等待 1min 左右，使灯丝冷却，再按"抽气/放气"切换键放气，待黄灯长亮，可打开样品室，松开内六角螺丝，将样品支架整个取出。

（3）重新制备新样品，安装样品台，关好样品室，抽真空，加高压，观察形貌。

（七）关机

（1）按"stop"按键卸高压，等待 1min 使灯丝冷却，按"抽气/放气"切换键放气，待黄灯长亮，可打开样品室，取出样品支架。

（2）关上样品室，再次按下"抽气/放气"切换键抽真空，待蓝灯长亮，说明样品室真空度已稳定，可关闭主机右侧的电源开关关机。

（3）关闭操作界面，用刻录光盘将数据拷走，关闭电脑。

五、数据处理

（1）对拍摄到的样品微观照片进行分析，得出结论。

（2）以 $g\text{-}C_3N_4$ 材料为例，其 SEM 图如图 9-1 所示。

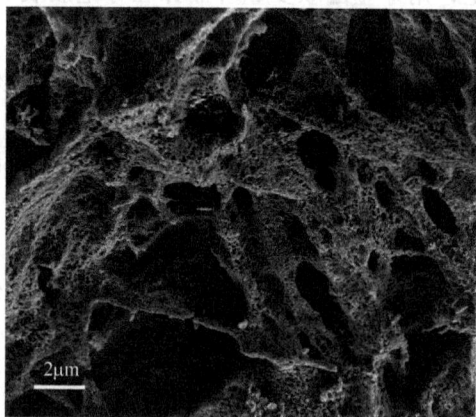

图 9-1　$g\text{-}C_3N_4$ 材料的 SEM 图[8]

六、注意事项

（1）由于 SEM 在真空环境下工作，样品必须充分干燥，以避免水蒸气对图像质量和设备寿命造成影响。

（2）样品必须无油，油污在电子束作用下容易分解成碳氢化物，对真空环境造成污染，并降低成像质量。

（3）样品应具备良好的导电性，以避免电荷积累导致的图像畸变和成像质量下降。

（4）在样品处理过程中，应尽可能保持样品表面的自然形貌和结构，避免挤压、变形或污染。

（5）镀金层的厚度应适中，避免过厚导致掩盖样品细节或增加不必要的成本，同时避免过薄导致导电性改善不明显。

（6）需要进行能谱（energy dispersive spectroscopy，EDS）定量分析的样品，则不能镀金属膜，因为金属膜会吸收 X 射线，影响定量分析结果。

七、思考题

（1）使用 SEM 过程中需要注意哪些安全问题和操作细节？
（2）SEM 图像中哪些形貌特征对环境催化材料的性能有重要影响？

实验 10　环境催化材料的表面元素表征与分析

环境催化材料在应对环境污染、能源转化等全球性挑战中发挥着重要作用。这些材料能够加速或抑制特定的化学反应，从而在废气处理、水处理、空气净化等环保领域展现出巨大的应用潜力。然而，环境催化材料的性能与其表面元素组成、化学价态等密切相关，因此，对其表面元素进行精确分析显得尤为重要。

X 射线光电子能谱（X-ray photoelectron spectroscopy，XPS）是一种基于光电效应的表面分析技术，通过能量为 $h\nu$ 的特征 X 射线照射待测样品表面，光子将其全部能量转移给原子或分子中的束缚电子，使这些电子被电离成自由电子。随后，通过能量分析器和光电倍增管检测出射电子的能量及数量，根据爱因斯坦光电发射方程计算出样品的结合能，从而绘制出被测样品的 X 射线光电子能谱图。

利用 XPS 技术可以获得以下信息。①元素组成分析：XPS 能够准确检测环境催化材料表面的元素种类及含量。通过全谱扫描，可以初步判断样品表面的元素组成，进一步的高分辨细扫描则能获得更准确的元素信息。这对于理解环境催化材料的成分结构、优化材料设计具有重要意义。②化学态分析：XPS 能够揭示环境催化材料表面元素的化学价态、化学键及电子结构信息。这些信息对理解催化反应的活性位点、反应机理等至关重要。通过分析光电子的能谱图，可以判断元素的氧化态、配位环境等，进而揭示催化材料在反应过程中的变化规律。③定量分析：虽然 XPS 的定量分析受到多种因素的影响，如样品表面状态、仪器性能等，但通过合理的校正和数据处理方法，仍可以对环境催化材料表面的元素含量进行半定量分析。这对评估催化材料的纯度、制备过程中的元素损失等具有重要意义。④深度剖析：通过氩离子枪溅射、机械切削及改变掠射角等方式，XPS 可以实现深度剖析功能，对催化材料表面以下一定深度范围内的元素组成和化学态进行分析。这有助于了解催化材料从表面到体相的元素分布规律及其与催化性能之间的关系。

一、实验目的

（1）了解 X 射线光电子能谱仪的结构及工作原理。
（2）掌握 XPS 数据分析方法。

二、实验原理

X 射线光电子能谱仪的工作原理是，使用能量在 $1000\sim1500\text{eV}$ 之间的 X 射线（如常用的 Al K_α 线，能量为 1486.6eV）照射到样品表面，与样品发生相互作用。这种相互作用导致样品原子中的电子（特别是内层电子或价电子）受到激发，如果电子获得的能量超过其结合能，则脱离原子成为自由电子，即光电子。随后，利用能量分析器对发射出的光电子进行分析，测量其动能（K.E）。根据光电发射方程（B.E＝$h\nu$－K.E－W.F），可以计算出光电子的结合能（B.E），其中 $h\nu$ 是 X 射线光子的能量，W.F 是功函数（样品表面逸出功）。最后，获得样品的元素组成和化学态等信息。

三、仪器与试剂

（一）仪器

（1）AXIS Ultra DLD 型 X 射线光电子能谱仪，日本岛津公司。

（2）压片机。

（二）试剂

待测催化材料。

四、实验步骤

（一）样品准备

（1）对于玻璃片、硅片、金属片等块体材料和薄膜样品，制备方法比较简单，只需要直接剪成长、宽、高不超过 20mm×20mm×3mm 大小的块体，然后用双面胶粘到样品拖的相应位置即可，注意保证块体材料的表面平整。含 Fe、Co、Ni 等的铁磁性样品要单独在一个样品台上制样。

（2）粉末样品需要利用压片机压成固体片，并且颗粒大小一般小于 0.2mm。粉末样品压片后，可以提高分辨率，减少背景干扰。

压片步骤：在 20mm×20mm 的铝箔中间放上一片约 5mm×5mm 大小的双面胶；在双面胶上撒上一层样品，确保样品均匀，在样品的上面再盖一片铝箔；用压片机压片，压力为 10MPa，保持约 1min；再剪一块略小于 5mm×5mm 大小的双面胶粘到样品拖的相应位置，将上述压好的两层铝箔四周剪小，直接粘到双面胶上，将上层的铝箔揭掉；用洗耳球将表面松散的样品吹掉。

（二）样品测试

（1）打开电脑，打开软件 Vision Manager → window → Manual window。在 X 射线控制面板界面，单色化的 X 射线源：Al/Ag，常规为 Al。选择 Al（mono），设置 Emission 为 1mA Anode，HT 为 8kV，点击 Standby 等待一定时间预热 X 射线，观察 Status 中 Filament 到 1.5A，点击 On 开启，等待分步增加 AnodeHT 为 10kV，再分步将电流 Emission 增加至需要值，一般为 10mA。每设置一步，点击一次回车键，系统自动增加。

（2）根据需要在 Neutraliser 控制界面打开中和枪，按 On 键。

（3）根据软件中的"Real time display"实时监控窗口中谱峰面积 Area 值的变化。方法一：手动调节，调节各个坐标轴方向的按键（主要是 Z 轴），找到信号最强的位置。方法二：自动调节，点击 Name → updateAuto → Z → Status required → optimize，系统自动调节，然后点 update 更新位置。

（4）按需求选择宽扫（wide）→ 定性分析，窄扫（narrow）→ 化学价态分析。测试结束后取出样品，关闭软件，关闭电脑，关闭仪器。

五、数据处理

（1）根据图谱分析催化材料表面元素的组成、化学态等信息。

（2）以 La_2CuO_4 钙钛矿为例，其 XPS 图谱如图 10-1 所示。

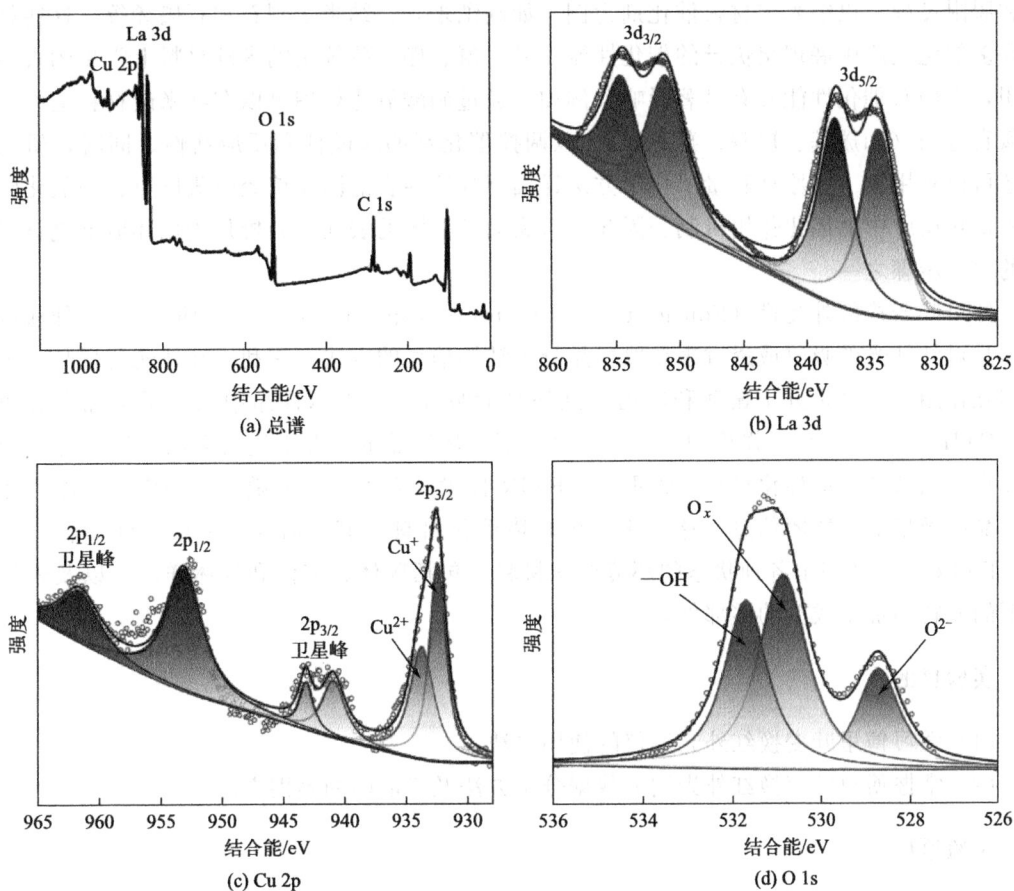

图 10-1　La_2CuO_4 钙钛矿的 XPS 图谱[9]

六、注意事项

（1）压片前可以标记一下两层铝箔的正反面，防止贴反。

（2）制好样后需要检查样品是否粘牢，以防在测样过程中掉到分析室。

（3）含有挥发性物质的样品，在进入真空系统前必须清除掉挥发性物质。

（4）表面有油等有机物污染的样品，在进入真空系统前必须清洗干净并自然干燥。

（5）禁止带有磁性的样品进入分析室。

七、思考题

（1）在 XPS 分析中，为什么通常选择 Al 靶和 Mg 靶作为激发源？这两种靶材对分析结果有何影响？

（2）如何运用 XPS 技术理解催化过程及催化机理？

实验 11　环境催化材料的表面官能团表征与分析

表面官能团是环境催化材料表面上的原子或分子基团，它们对材料的催化性能具有显著影响。不同的官能团具有不同的化学性质和反应活性，能够影响催化剂对污染物的吸附、转化和脱附过程。以纳米碳材料催化剂为例，如碳纳米管、纳米金刚石和石墨烯等，这些材料在许多催化反应中展现出优异的催化性能。氧、氮、硼、硫等是纳米碳材料上常见的表面官能团，它们对催化性能具有显著影响。例如，通过硝酸氧化处理可以在纳米碳材料上引入各种氧官能团（如羰基、羧基、羟基等），以调控催化剂的酸碱性和反应活性。同时，研究人员还可以利用第一性原理和量子化学方法详细阐释这些官能团在烷烃脱氢反应、一氧化碳氧化等催化反应中的催化作用机制。因此，对表面官能团的表征与分析是优化环境催化材料性能的关键步骤之一。

傅里叶变换红外光谱（Fourier transform infrared spectroscopy，FTIR），是一种通过测量样品对红外光的吸收或透过来获取样品分子结构信息的方法。它利用红外光与样品分子间的相互作用，特别是分子振动和转动对红外光的吸收，来揭示样品中的化学键和官能团信息。FTIR 分析是一种无损检测方法，可以在不破坏样品的情况下进行多次测试，这对于珍贵或难以制备的环境催化材料尤为重要。FTIR 技术具有极高的灵敏度和分辨率，能够捕捉到样品中微量的官能团信息，这对于分析环境催化材料中痕量活性组分或中间产物至关重要。FTIR 分析适用于各种状态的环境催化材料，包括固体、液体和气体样品，以及未加工成型的原料和加工成型的零部件等。

一、实验目的

（1）学习傅里叶变换红外光谱仪的使用方法。
（2）掌握傅里叶变换红外光谱的数据分析方法及官能团的鉴别方法。

二、实验原理

FTIR 是一种常用的表面官能团表征技术，其工作原理主要基于红外光与物质分子间的相互作用。当红外光照射到物质上时，如果物质分子中某个基团的振动频率与红外光的频率相同，那么该基团就会吸收红外光的能量，从而发生振动能级的跃迁。这种吸收现象会在红外光谱图上形成特定的吸收峰，而吸收峰的位置、形状和强度则与物质分子中官能团的种类、数量以及所处的化学环境有关。

通常将红外光谱分为三个区域：近红外区（$0.75\sim2.5\mu m$）、中红外区（$2.5\sim25\mu m$）和远红外区（$25\sim300\mu m$）（表 11-1）。近红外光谱是由分子的倍频、合频产生的，中红外光谱属于分子的基频振动光谱，远红外光谱则属于分子的转动光谱和某些基团的振动光谱。按吸收峰的来源，可以进一步将中红外光谱图（$2.5\sim25\mu m$）大体上分为特征频率区（$2.5\sim7.7\mu m$，即 $4000\sim1330cm^{-1}$）以及指纹区（$7.7\sim16.7\mu m$，即 $1330\sim400cm^{-1}$）两个区域。特征频率区的吸收峰基本是由基团的伸缩振动产生的，具有很强的特征性，在基团鉴定工作中很有价值，主要用于鉴定官能团。如羧基，不论是在酮、酸、酯或酰胺等化合物中，其伸缩振动总是在 $5.9\mu m$ 左右出现一个强吸收峰。指纹区峰多且复杂，没有较强的特征性，主要由一些单键 C—O、C—N 和 C—X（卤素原子）等的伸缩振动及 C—H、O—H 等含氢基团的弯曲振动以及 C—C 骨架振动产生，当分子结构稍有不同时，该区的吸收就有细微差异。这种情况就像每个人都有不同的指纹一样，因而称为指纹区，因此指纹区对区别结构类似的化合物很有帮助。

表 11-1 红外光谱的分区

红外区域	波长 λ/μm	波数 ν/cm^{-1}	能级跃迁类型
近近红外区	0.75～2.5	13158～4000	O—H、N—H 及 C—H 的倍频吸收
中红外区	2.5～25	4000～400	分子振动
远红外区	25～300	400～10	分子转动

三、仪器与试剂

（一）仪器

（1）Nicolet^{TM} iS50 FTIR 光谱仪。

（2）手压式压片机（包括压模等）。

（3）电子分析天平。

（4）玛瑙研钵。

（二）试剂

（1）待测催化材料。

（2）溴化钾（KBr）。

四、实验步骤

（1）针对粉末样品，取干燥样品 20mg，在玛瑙研钵中充分磨细后，再加入 400mg 干燥的 KBr，继续研磨至完全混匀，使其颗粒大小比所检测的光波长更小（约 2μm 或以下）。取出约 100mg 混合物均匀铺撒于干净的压模内，放于压片机上在 29.4MPa 压力下压制 1min，制成透明薄片。将薄片装于样品架上，放于光谱仪的样品池中。

（2）针对液体样品，样品量应不少于 1mL，最好不含水分。用滴管滴 1 滴液体于附件的晶体面上。

（3）针对薄膜或片状样品，可以直接测样。将薄膜或片状样品表面紧贴于附件的晶体面上。

（4）先粗测样品的透光率是否超过 40%。若达到 40% 以上，即可进行扫谱，从 4000cm^{-1} 扫至 400cm^{-1} 为止；若未达 40%，则重新制样。

（5）扫谱结束后，取下样品架，取出薄片，按要求将模具、样品架等擦净收好。

五、数据处理

（1）把扫谱得到的谱图与已知标准谱图进行对照比较，并找出主要吸收峰的归属。在 FTIR 谱图上注出官能团的特征吸收峰。

（2）解释谱图中主要吸收峰与官能团的关系，并注明谱图的解释过程。

（3）以 Co0.1-CaTiO$_3$ 钙钛矿为例，其 FTIR 谱图如图 11-1 所示。

六、思考题

（1）粉末样品测试前，进行干燥处理的目的是什么？

（2）实验过程中如何减少背景噪声和干扰因素？

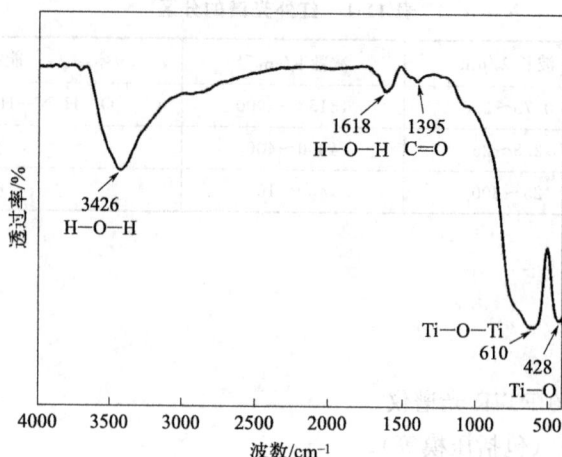

图 11-1　Co0.1-CaTiO$_3$ 钙钛矿的 FTIR 谱图[10]

实验 12　环境催化材料的表面电荷表征与分析

在环境催化材料的研究中，表面电荷特性是理解其催化性能、反应机理以及优化设计的关键参数之一。其中，Zeta 电位作为表征分散体系稳定性的重要指标，对于环境催化材料的表面电荷分析具有重要意义。

Zeta 电位，也称为电动电位，是描述颗粒在液体中运动时，其表面与周围液体之间形成的双电层中滑动面的电位差。这一电位差反映了颗粒表面电荷的强度及与周围离子的相互作用。在纳米科学领域，Zeta 电位是对颗粒之间相互排斥或吸引力的强度的度量，对于理解分子或颗粒的分散机理至关重要。例如，Zeta 电位能够直接反映环境催化材料表面的电荷性质（正电荷或负电荷），这对于理解催化剂与反应物之间的相互作用，预测催化剂的吸附行为以及优化催化剂的表面结构具有重要意义。Zeta 电位的绝对值与分散体系的稳定性密切相关。较高的 Zeta 电位绝对值意味着颗粒之间的排斥力较强，有利于防止颗粒团聚，从而维持体系的稳定性。这对于环境催化材料在实际应用中的稳定性和性能表现至关重要。通过测量和分析环境催化材料的 Zeta 电位，可以深入了解催化剂表面电荷状态对催化反应的影响，揭示催化反应的机理和动力学过程。这有助于优化催化剂的设计，提高催化反应的效率和选择性。

目前，Zeta 电位的测量主要采用电泳光散射（ELS）技术、流动电位法、电渗法等。其中，电泳光散射技术因其操作简便、测量准确度高而得到广泛应用。

一、实验目的

（1）了解 Zeta 电位分析仪的测定原理。

（2）学习利用 Zeta 电位分析仪分析材料表面电荷的方法。

二、实验原理

要深入理解 Zeta 电位，首先需要了解双电层理论。粒子表面存在的净电荷影响粒子界面周围区域的离子分布，导致接近表面抗衡离子（与粒子电荷相反的离子）浓度增加。于是，每个粒子周围均存在双电层：一个是内层区，称为施特恩（Stern）层，其中离子与粒子紧紧地结合在一起；另一个是外层分散区，其中离子不那么紧密地与粒子相吸附。在分散层内，有一个抽象边界，在边界内的离子和粒子形成稳定实体。当粒子运动时，在此边界内的离子随着粒子运动，但此边界外的离子不随着粒子运动。这个边界称为流体力学剪切层或滑动面（slipping plane）。在这个边界上存在的电位即为 Zeta 电位。带电颗粒的分布如图 12-1 所示。

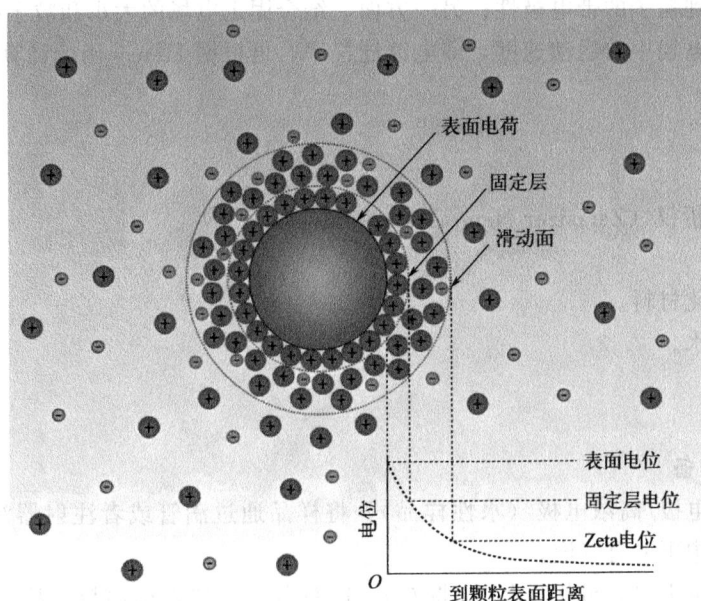

图 12-1　带电颗粒的电势分布

Zeta 电位的大小表示胶体系统的稳定性势。如果悬浮液中所有粒子具有较大的正的或负的 Zeta 电位，那么它们将倾向于互相排斥，没有絮凝的倾向。但是如果粒子的 Zeta 电位值较低，则没有力量阻止粒子接近并絮凝。通常情况下，稳定与不稳定悬浮液的 Zeta 电位分界线是：$+30\mathrm{mV}$ 或 $-30\mathrm{mV}$。Zeta 电位大于 $+30\mathrm{mV}$ 或小于 $-30\mathrm{mV}$ 的粒子，通常认为是稳定的。

影响 Zeta 电位的最重要因素是 pH 值。没有引用 pH 值的 Zeta 电位值，本身实际上是没有意义的数字。假设悬浮液中的某一粒子具有负 Zeta 电位，如果在这个悬浮液中加入更强碱，那么粒子将倾向于得到更多负电荷；如果在这个悬浮液中加入酸，达到某一点，负电荷被中和，进一步加入酸，则会导致在表面产生正电荷。因此，Zeta 电位对照 pH 值的曲线（图 12-2），在低 pH 值时是正的，而在高 pH 值时是较低正电或负电的。曲线通过零 Zeta 电位的点，叫作等电点（isoelectric point），在实际应用过程中是非常重要的，正常情况下

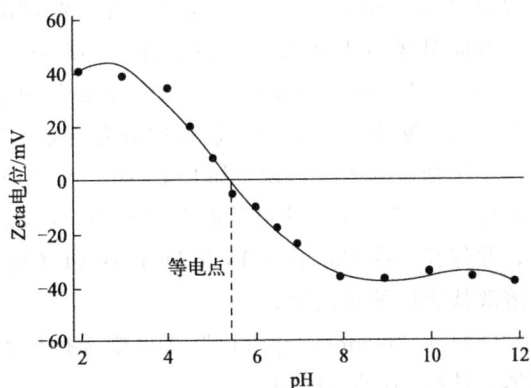

图 12-2　Zeta 电位与 pH 值的对照曲线

它就是胶体系统最不稳定的点。

电泳光散射 Zeta 电位测试原理是通过激光多普勒测速技术对颗粒的电泳迁移率进行测试，然后运用所测的电泳迁移率及亨利（Henry）函数进行计算得到 Zeta 电位。当激光光束照射在固定电场作用下产生定向运动的带电粒子时，根据多普勒效应，粒子产生的散射光频率将会有微小的变化。利用光学相干技术，就能够使散射光频率变化转换为光强的波动变化，接着由光强的波动频率得到颗粒的运动速度。一方面，结合固定电场的方向和粒子的运动速度大小，得到粒子的带电极性；另一方面，结合固定电场的大小和粒子的运动速度大小算出粒子在单位电场中的运动速度，即电泳迁移率，再根据 Henry 函数计算出 Zeta 电位。

三、仪器与试剂

（一）仪器

Zeta 电位分析仪（Zetasizer Nano ZSE，Malvern）。

（二）试剂

（1）待测催化材料。

（2）去离子水。

四、实验步骤

（一）样品准备

（1）毛细管电极/高浓电极（水性样品）：将样品通过滴管或者注射器注入相应的样品池，注意样品池中不要有气泡。

（2）插入式电极（有机相样品）：将 0.5mL 左右样品加入玻璃粒径检测样品池，45 度角插入电极，注意不要有气泡存在于电极之间。

（3）将样品池插入样品槽中。

（二）样品测试

（1）打开仪器及显示器，打开软件。

（2）点击 "Measure"，选择 "Manual"。

（3）点击 "Measurement type"，选择 "Zeta potential"。在 "Sample" 选项中输入样品名称和备注；在 "Material" 中保留为默认值，检测 Zeta 电位不需要其中的参数信息。

（4）在 "Dispersant" 选项中输入/选择溶剂的折光指数（RI）、黏度（Viscosity）和介电常数（Dielectric constant）信息。注：溶剂的 RI 和 Viscosity 参数随温度改变，所以应该输入对应温度的正确参数。如果在 Dispersant 的列表中没有对应的溶剂，请点击 "Add ……"，在 "Simple Dispersant or Solvent" 中输入对应溶剂的信息，并起名保存。如果溶剂相为水相，Malvern 的 DTS 软件中具有复杂溶剂计算器，点击 "Complex Constant"，在对话框中选择正确的添加物，如 Potassium Chloride（氯化钾），输入浓度，如 0.01mol/L，点击添加 "Add"，可以从对话框中选取多个添加物，输入浓度进行添加，最后给复杂溶剂命名，并保存。在 Complex Ionic Dispersant（复合离子分散剂）中，提供多种极性溶剂加入可溶解盐类后的对应参数。

（5）在 "General options" 选项中选择模型。水相体系选择 Smoluchowski 模型，有机相体系选择 Huckel 模型。

（6）在 "Temperature" 温度选项中输入检测的温度和平衡时间。如果测试温度和室温相差较大，需要输入较长时间用于样品平衡。通常情况下，如果样品从室温条件放入仪器，在 25℃条件下测试，需要恒温至少 120s。

（7）在"Cell"样品池选项中选择对应的样品池种类。

（8）在"Measurement"测试选项中："Measurement duration"（测试时间），通常检测电位选择默认"Automatic"；"Number of measurements"（重复测试次数），至少输入三次或者三次以上；"Delay between measurements"（每次测试之间间隔时间），如果样品对6532.8nm 激光没有吸收，输入 0。

（9）在"Introductions"和"Advanced"选项中保留为默认选择。

（10）在"Data processing"中选择分析模型"Analysis model"，若检测化学合成样品，保留为默认选择"General purpose"；若样品为蛋白质，选择"Protein analysis"。

（11）在"Report"和"Export"中保留为默认选择。点击"OK"开始检测。检测结束后，仪器自动停止测试。

（12）换下一个样品时，分别用水和待测样品冲洗样品池，再加入样品测试，实验结束后将样品池用水冲洗干净，并干燥保存。

（13）关闭软件和仪器。

五、数据处理

（1）Zeta 电位测试通常使用多次测试的平均值和其标准偏差。

（2）以 pH 为 x 轴，催化材料对应的 Zeta 电位为 y 轴作曲线图，找出等电点，分析催化材料的表面电荷特性。

（3）以碳基单原子锰催化剂为例，其在不同 pH 值下的 Zeta 电位如图 12-3 所示。

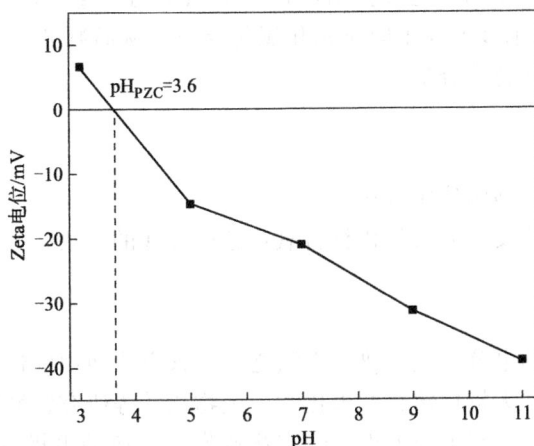

图 12-3　碳基单原子锰催化剂在不同 pH 值下的 Zeta 电位[8]

六、思考题

（1）制样时悬浮液浓度对测试结果是否有影响？如何确定最佳测试浓度？

（2）催化材料的等电点在催化反应中有何意义？

第三章
环境催化材料的机理分析

实验 13　环境催化材料的电化学表征与分析

环境催化材料作为能够在环境条件下促进化学反应的材料，其研究对于解决环境污染和推动能源可持续发展具有重要意义。电化学表征与分析作为揭示材料性能、反应机理及动力学特性的关键手段，在环境催化材料的研究中发挥着重要作用。

通过电化学测试方法，如循环伏安法、电化学阻抗谱等，可以评估环境催化材料的催化活性、稳定性、选择性等关键性能指标，为材料的优化和应用提供理论依据。电化学表征与分析可以揭示环境催化材料在电化学反应过程中的机理，包括电极反应的可逆性、反应中间体的形成与转化、电荷转移和物质传输等过程，为深入理解材料的催化性能提供实验依据。通过改变电化学测试条件（如扫描速率、电解质浓度等），可以研究环境催化材料在电化学反应过程中的动力学特性，如反应速率常数、扩散系数等，为优化反应条件和提高反应效率提供指导。

循环伏安法（cyclic voltammetry，CV）作为电化学表征中的常用技术之一，在环境催化材料的研究中具有重要作用。通过控制电极电势以不同的速率进行扫描，获得的电流-电势曲线（i-E）能够反映电极上发生的还原和氧化反应，从而判断电极反应的可逆性、评价催化活性以及进行动力学特性分析。

一、实验目的

（1）学习电化学工作站的使用方法。

（2）掌握通过循环伏安图分析催化材料氧化还原性能的方法。

二、实验原理

循环伏安法是重要的电分析化学研究方法之一。该方法使用的仪器简单，操作方便，图谱解析直观，在电化学、无机化学、有机化学、生物化学等研究领域被广泛应用。循环伏安法通常采用三电极系统，一支工作电极（研究物质发生反应的电极），一支参比电极（监测工作电极的电势），一支辅助电极（对电极）。外加电压加在工作电极与辅助电极之间，反应电流通过工作电极与辅助电极。

电压完成一次循环扫描后，将记录出一个氧化还原曲线。扫描电压呈等腰三角形。如果前半部扫描（电压上升部分）为去极化剂在电极上被还原的阴极过程，则后半部扫描（电压下降部分）为还原产物重新被氧化的阳极过程。因此，一次三角波扫描完成一个还原过程和氧化过程的循环，故称为循环伏安法。循环伏安扫描能够分辨出涉及多个连续电极反应的复杂行为，但当不同氧化还原电位的电位差小于 100mV 时，会导致循环伏安曲线中电流峰值重叠，从而很难区分不同的电极反应。

循环伏安法加电压的方式如图 13-1 所示。对可逆电极过程（电荷交换速率很快，反应由扩散控制的过程），如一定条件下的 $Fe(CN)_6^{3-}/Fe(CN)_6^{4-}$ 氧化还原体系，当电位由高到低负向扫描时，$Fe(CN)_6^{3-}$ 在电极上被还原，反应为 $Fe(CN)_6^{3-}+e^- \longrightarrow Fe(CN)_6^{4-}$，得到一个还原电流峰。当电位正向扫描时，$Fe(CN)_6^{4-}$ 在电极上被氧化，反应为 $Fe(CN)_6^{4-}-e^- \longrightarrow Fe(CN)_6^{3-}$，得到一个氧化电流峰。所以，电位完成一次循环扫描后，将记录出一个如图 13-2 所示的氧化还原曲线。

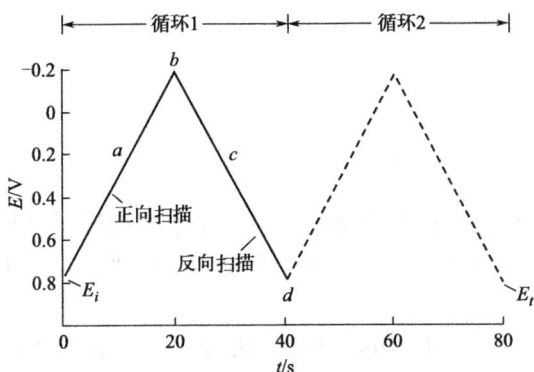

图 13-1　循环伏安法加电压的方式

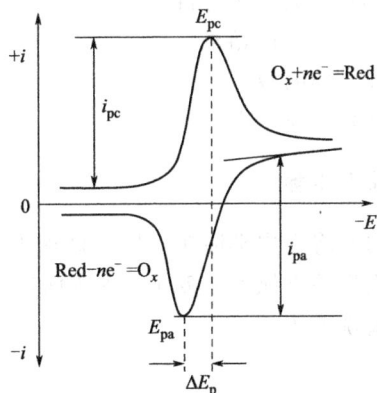

图 13-2　循环伏安法测得的氧化还原曲线

在循环伏安法中，阳极峰电流 i_{pa}、阴极峰电流 i_{pc}、阳极峰电势 E_{pa}、阴极峰电势 E_{pc} 以及 i_{pa}/i_{pc}、ΔE_p（$E_{pa}-E_{pc}$）是最为重要的参数。对于一个可逆过程：

$$\Delta E_p = E_{pa} - E_{pc} \approx \frac{0.056}{n}$$

一般情况下，峰电位不随扫描速度的改变而变化，ΔE_p 约为 $58/n$ mV，$i_{pa}/i_{pc} \approx 1$。正向扫描的峰电流 i_p 满足 Randles-Savcik 方程：

$$i_p = 2.69 \times 10^5 n^{3/2} A D^{1/2} v^{1/2} c$$

式中　i_p——峰电流，A；

　　　n——电子转移数；

　　　A——电极面积，cm^2；

　　　D——扩散系数，cm^2/s；

　　　v——扫描速度，V/s；

　　　c——浓度，mol/L。

三、仪器与试剂

（一）仪器

（1）CHI 660E 型电化学工作站。

（2）参比电极：Ag/AgCl 电极。

（3）工作电极：玻碳电极。

（4）辅助电极：铂盘电极。

（5）厚玻璃。

（6）麂皮。

（7）超声波分散仪。

（8）电子分析天平。

（9）容量瓶：1000mL。

（二）试剂

（1）0.1mol/L Na_2SO_4 溶液：准确称取 14.2000g Na_2SO_4 溶于水中，移至 1000mL 容量瓶中，用水定容至标线，摇匀。

（2）氧化铝抛光粉。

（3）待测催化材料。

（4）Nafion 溶液。

（5）异丙醇。

（6）去离子水。

四、实验步骤

（1）将麂皮平铺在一块厚玻璃上，氧化铝抛光粉在打磨前用去离子水略微润湿形成浆状。而后垂直抓紧电极在麂皮表面进行画圈（8字形）打磨抛光，待电极表面平滑后用去离子水清洗待用。

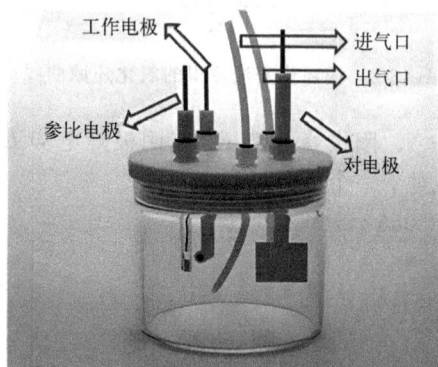

图 13-3　三电极体系连线系统

（2）将 10mg 待测催化材料分散在以下溶液中（30μL Nafion 溶液＋0.2mL 异丙醇＋0.8mL 去离子水），超声 30min，并滴涂在电极表面，自然晾干。

（3）测试步骤。

① 准备好待测电极和电解液（Na_2SO_4 溶液），组装好三电极电解池（图 13-3）。

② 打开电化学工作站电源。

③ 将电化学工作站测试端和电解池中的工作电极、参比电极以及辅助电极一一对应进行连接。

④ 双击 CHI 660E 操作软件进入测试主界面，点击操作栏上的"T"进入测试技术，选择需要测试的项目（Cyclic Voltammetry，图 13-4），再点击右侧的"OK"键。

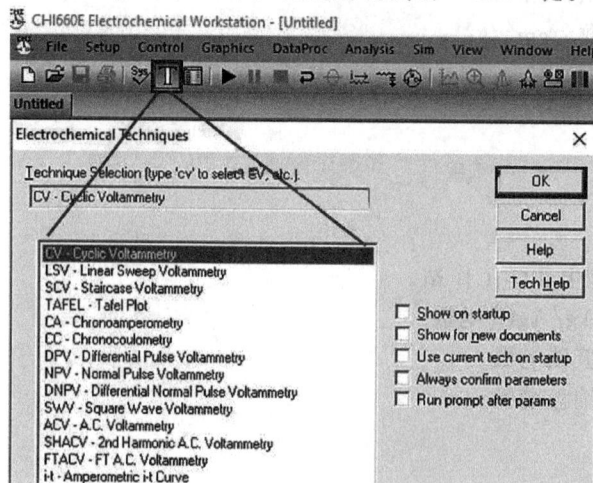

图 13-4　软件测试主界面

⑤ 选择 CV 测试后，进入 parameters（参数）界面，修改 CV 测试的电压窗口（−1.0～1.0V）、扫描速率（50mV/s）、扫描方向以及循环次数（10）等参数（图 13-5），再点击右侧的"OK"键。

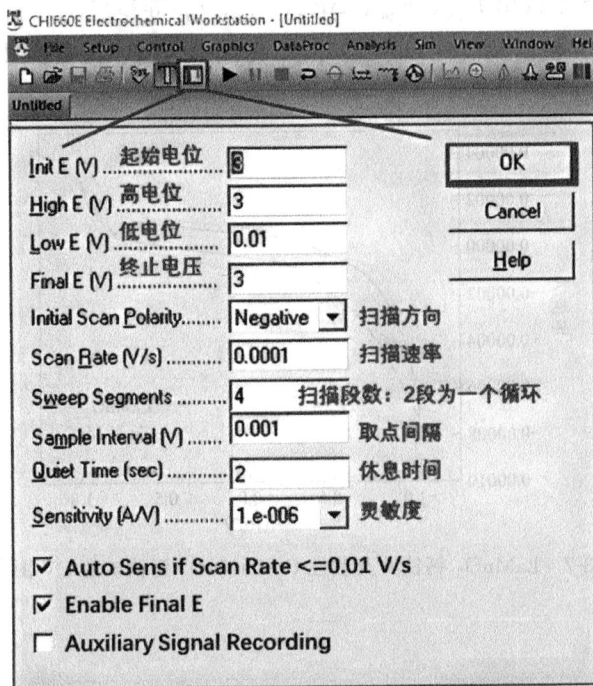

图 13-5　CV 测试的参数设定

⑥ 点击工具栏上的开始按钮，即可开始 CV 测试（图 13-6）。

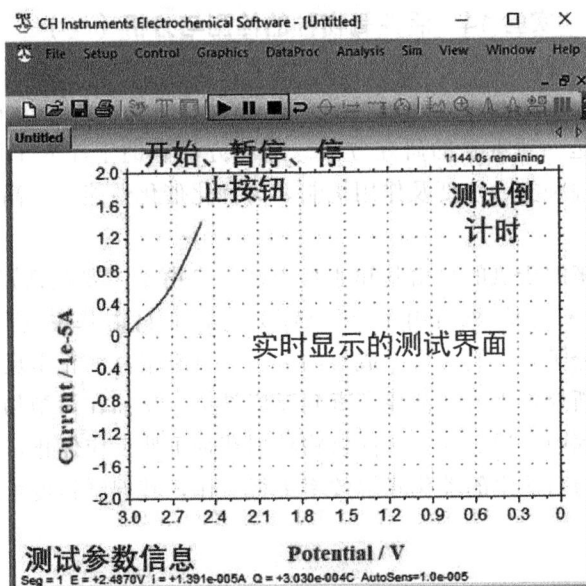

图 13-6　CV 测试界面

⑦ 测试完成后，将文件保存为 .csv 或 .txt 等格式，即可利用 Origin 等工具作图，得到

对应的 CV 曲线。

五、数据处理

（1）从循环伏安图上读出 E_{pa}、E_{pc}、ΔE_p、i_{pa}、i_{pc} 等参数。

（2）以 LaMnO$_3$ 钙钛矿及改性 Cu-LaMnO$_3$ 钙钛矿为例，其 CV 图如图 13-7 所示。

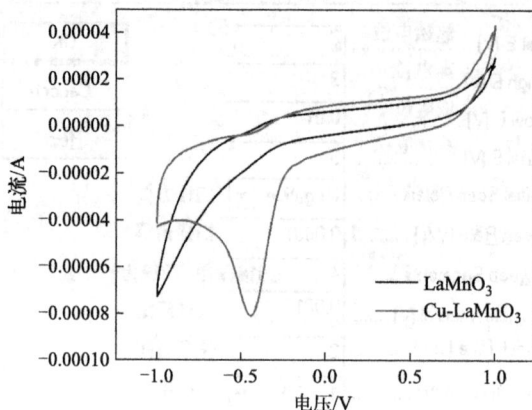

图 13-7　LaMnO$_3$ 钙钛矿及改性 Cu-LaMnO$_3$ 钙钛矿的 CV 图[11]

六、思考题

（1）CV 图中如何确定氧化还原峰？

（2）如何利用 CV 图分析催化反应机理？

实验 14　活性氧物种的检测与分析（一）

在环境催化材料应用实验中，通过捕获实验进行活性氧物种（reactive oxygen species，ROS）的检测与分析是一项重要的研究方法。这种方法有助于深入了解催化材料在氧化反应中产生的活性氧物种种类、浓度及作用机制，为优化催化性能、提高污染物降解效率提供科学依据。

活性氧物种是指来源于氧的自由基和非自由基，自由基主要包括羟基自由基（·OH）、硫酸根自由基（$SO_4^- \cdot$）、超氧自由基（$\cdot O_2^-$）等，非自由基主要包括单线态氧（$^1O_2$）等。作为高度活跃的分子，它们含有不成对的电子，具有很高的化学反应活性，易与其他分子发生链式反应，不断地被生成和消耗，直到反应结束，从而在污染物降解过程中起到重要作用。在捕获实验过程中，通过加入活性氧物种捕获剂可使反应停止，从而确定各个时间点的催化降解性能，再与对照组的催化降解效率进行对比，其抑制程度可用于判定反应中起主要作用的活性氧物种。

一、实验目的

（1）了解活性氧物种的概念、种类及作用。

（2）学习通过捕获实验识别活性氧物种的方法。

二、实验原理

捕获实验利用特定的捕获剂与活性氧物种发生化学反应，生成稳定且可检测的产物。通过检测这些产物的存在和浓度，可以间接证明活性氧物种在催化反应中的存在和作用。这种方法具有高度的选择性和敏感性，能够准确地区分和量化不同类型的活性氧物种。一般情况下，由于甲醇（MeOH）与·OH $[k_{MeOH, \cdot OH} = 9.7 \times 10^8 L/(mol \cdot s)]$ 和 $SO_4^- \cdot$ $[k_{MeOH, SO_4^-} = 2.5 \times 10^7 L/(mol \cdot s)]$ 都具有较高的反应速率常数，甲醇可作为·OH 和 $SO_4^- \cdot$ 的捕获剂；而叔丁醇（TBA）与·OH 的反应速率常数 $[k_{TBA, \cdot OH} = (3.8 \sim 7.6) \times 10^8 L/(mol \cdot s)]$ 高出 $SO_4^- \cdot$ $[k_{TBA, SO_4^-} = (4.0 \sim 9.5) \times 10^5 L/(mol \cdot s)]$ 几个数量级，TBA 常作为·OH 的捕获剂；由于糠醇（FFA）和对苯醌（BQ）分别与 $^1O_2$ $[k_{FFA, ^1O_2} = 1.2 \times 10^8 L/(mol \cdot s)]$ 和 $\cdot O_2^-$ $[k_{BQ, \cdot O_2^-} = 2.9 \times 10^9 L/(mol \cdot s)]$ 具有较高的反应速率常数，FFA 和 BQ 可作为 $^1O_2$ 和 $\cdot O_2^-$ 的捕获剂[12]。

本实验以 $LaMnO_3$ 钙钛矿活化过硫酸盐技术催化氧化双酚 A 为例（详见实验 28），来识别催化反应过程中各类活性氧物种的产生。

三、仪器与试剂

（一）仪器

(1) 高效液相色谱仪（high performance liquid chromatograph，HPLC）。

(2) 磁力搅拌器。

(3) 电子分析天平。

(4) 容量瓶：100mL、1L。

(5) 烧杯：250mL。

(6) 量筒：100mL。

(7) 一次性塑料滴管。

(8) 一次性注射器：5mL。

(9) 一次性针式过滤器：0.45μm。

（二）试剂

(1) $LaMnO_3$ 钙钛矿（制备过程见实验 6）。

(2) 过硫酸氢钾溶液（PMS，10g/L）：准确称取 1.0000g 过硫酸氢钾溶于水，移至 100mL 容量瓶中，用水定容至标线，摇匀，现配现用。

(3) 双酚 A（BPA）溶液（10mg/L）：准确称取 0.0100g BPA 溶于水中，移至 1L 容量瓶中，用水定容至标线，摇匀，配成 10mg/L BPA 溶液。

(4) 甲醇。

(5) 叔丁醇。

(6) 糠醇。

(7) 对苯醌。

(8) 去离子水。

四、实验步骤

(1) 分别用量筒移取 100mL BPA 溶液置于 5 组烧杯（#1、#2、#3、#4、#5）中，

再分别加入 50mg LaMnO₃ 钙钛矿，连续搅拌 30min 以达到吸附-解吸平衡。向♯2、♯3、♯4、♯5 烧杯中加入适量的甲醇、叔丁醇、糠醇和对苯醌，分别作为 ·OH 和 SO₄⁻·、·OH、¹O₂ 以及 ·O₂⁻ 的捕获剂，使其浓度达到 0.5mol/L、0.5mol/L、0.5mol/L 和 0.1mol/L。

(2) 向 5 组烧杯中分别加入 2mL 的 10g/L 过硫酸氢钾溶液，以开启催化反应，每隔 10min 取样一次，取样量 3mL，立刻通过 0.45μm 滤膜过滤（以达到固体催化剂与液体完全分离的目的），并用 200μL 甲醇进行淬灭（淬灭残余的 PMS，终止催化反应），反应时间为 60min。

(3) 用高效液相色谱仪对 BPA 浓度进行定量分析。色谱柱为 C₁₈（250mm×4.6mm，5μm）；检测器的波长设置为 276nm；流动相为甲醇和水（70∶30，体积比），使用前经 0.45μm 滤膜过滤并超声脱气；进样量为 20μL；流速为 1.0mL/min，柱温 30℃。

五、数据处理

(1) 将 LaMnO₃ 钙钛矿活化 PMS 催化降解 BPA 的数据填至表 14-1 中。

表 14-1 LaMnO₃ 钙钛矿活化 PMS 催化降解 BPA 的性能

取样次数	1	2	3	4	5	6	7
取样时间	原液	反应 10min	反应 20min	反应 30min	反应 40min	反应 50min	反应 60min
♯1 烧杯							
♯2 烧杯							
♯3 烧杯							
♯4 烧杯							
♯5 烧杯							

(2) BPA 的去除率（%）：

$$BPA\ 去除率 = \frac{C_0 - C_t}{C_0} \times 100\% = \frac{Y_0 - Y_t}{Y_0} \times 100\%$$

式中 C_t——t 时刻 BPA 的浓度，mg/L；

C_0——原液中 BPA 的浓度，mg/L；

Y_t——t 时刻 BPA 的峰面积；

Y_0——原液中 BPA 的峰面积。

以 t 为横坐标，去除率为纵坐标，拟合后得到的曲线即为该反应体系随时间变化的去除率，单位为%。

(3) 通过对比不同捕获剂条件下 BPA 的去除率，判断催化反应中主要存在的活性氧物种。

六、思考题

(1) 如何确定捕获剂的添加量？

(2) 如何对活性氧物种进行定量分析？

实验 15　活性氧物种的检测与分析（二）

电子自旋共振技术（electron spin resonance，ESR），又称电子顺磁共振技术（electron paramagnetic resonance，EPR），是一种基于电子自旋能级在外磁场作用下发生塞曼分裂，并在外加微波能量激发下发生能级跃迁的共振现象的物理方法。该技术利用电子的自旋特性，通过测量样品在特定磁场和微波频率下的吸收特性，来研究物质的电子结构和动态行为。

ESR 技术在活性氧物种（reactive oxygen species，ROS）的检测与分析中扮演着极其重要的角色，具有如下特点。①直接性与有效性：ESR 技术是检测含有未成对电子的自由基等顺磁性物质最直接且有效的方法之一。羟基自由基（·OH）、超氧自由基（·O_2^-）等 ROS 具有未成对电子，因此能够利用 ESR 技术进行直接检测，并成为研究 ROS 生成、转化及作用机制的重要工具。②高灵敏度与专一性：ESR 技术具有较高的检测灵敏度，能够检测到极低浓度的 ROS。同时，由于 ROS 的电子结构特点，ESR 在检测过程中具有较高的专一性，能够准确区分不同类型的 ROS。③非破坏性检测：ESR 检测过程中，样品不会受到破坏，这对于珍贵或难以获取的样品尤为重要。此外，检测过程对化学反应无干扰，保证了检测结果的准确性。④提供原始实验证据：特别是针对生物体内的 ROS，ESR 技术可以直接观察到 ROS 的存在及动态变化过程，提供最原始的实验证据。

一、实验目的

（1）分析活性氧物种的 ESR 谱图特征。

（2）学习通过电子自旋共振技术识别活性氧物种的方法。

二、实验原理

电子是具有一定质量和带负电荷的基本粒子，它不仅能围绕原子核运动，还能通过其中心轴进行自旋。由于电子自旋，电子具有自旋磁矩。在外加恒定磁场中，电子的自旋磁矩会受到磁场的作用，导致电子的自旋能级发生分裂，形成两个能级：低能级（与磁场平行）和高能级（与磁场逆平行）。两个能级之间的能量差与磁场强度和电子的 g 因子（波谱分裂因子）有关。当在垂直于恒定磁场的方向上施加一个适当频率的电磁波（通常为微波）时，如果电磁波的频率恰好满足使低能级电子跃迁到高能级所需的能量条件（即 $hv = g\beta H$，其中 h 为普朗克常数，v 为电磁波频率，g 为 g 因子，β 为电子磁矩的自然单位，H 为磁场强度），则会发生电子自旋共振现象，即低能级电子吸收电磁波能量跃迁到高能级。

ESR 技术的检测原理是，通过自旋捕获剂与活性氧物种发生反应，形成较稳定的活性氧物种加合物（自旋加合物），然后利用电子自旋共振波谱仪检测这些加合物的存在和特性。具体地，利用 5,5-二甲基-1-吡咯啉-N-氧化物（DMPO）作为自旋捕获剂，可以检测出水溶液中 DMPO-·OH 和 DMPO-SO_4^-·加合物的信号，以识别·OH 和 SO_4^-·，强度比分别为 1:2:2:1 和 1:1:1:1:1:1，且特征峰通常出现在同一位置。利用 DMPO 作为自旋捕获剂，通过检测甲醇溶液中 DMPO-·O_2^- 加合物的信号来识别·O_2^-，强度比为 1:1:1:1（或 1:1:1:1:1:1）。利用 2,2,6,6-四甲基哌啶氧化物（TEMP）作为自旋捕获剂，可以检测水溶液中的 $^1O_2$，强度比为 1:1:1。

本实验以 LaMnO$_3$ 钙钛矿活化过硫酸盐技术催化氧化双酚 A 为例（详见实验 28），来识别催化反应过程中各类活性氧物种的产生。

三、仪器与试剂

（一）仪器

（1）电子自旋共振波谱仪。

（2）磁力搅拌器。

（3）电子分析天平。

（4）容量瓶：100mL、1L。

（5）烧杯：250mL。

（6）量筒：100mL。

（7）一次性塑料滴管。

（8）一次性注射器：5mL。

（9）一次性针式过滤器：0.45μm。

（10）离心管：2mL。

（二）试剂

（1）LaMnO$_3$ 钙钛矿（制备过程见实验 6）。

（2）过硫酸氢钾溶液（PMS，10g/L）：准确称取 1.0000g 过硫酸氢钾溶于水，移至 100mL 容量瓶中，用水定容至标线，摇匀，现配现用。

（3）双酚 A（BPA）溶液（10mg/L）：准确称取 0.0100g BPA 溶于水中，移至 1L 容量瓶中，用水定容至标线，摇匀，配成 10mg/L BPA 溶液。

（4）5,5-二甲基-1-吡咯啉-N-氧化物（DMPO）。

（5）2,2,6,6-四甲基哌啶氧化物（TEMP）。

（6）乙腈。

（7）甲醇。

（8）去离子水。

四、实验步骤

（一）捕获剂准备

移取 25μL DMPO 溶解于 10mL 去离子水或甲醇中，得到 DMPO 水溶液和 DMPO 甲醇溶液，浓度约 20mmol/L；称量 30mg TEMP 溶解于 10mL 乙腈中，得到 TEMP 溶液，浓度约 20mmol/L。（注意：溶液浓度需根据实际情况调整，若催化材料产生的 ROS 较多，捕获剂捕获饱和后，所测得的样品信号都一样强，不能区分。可适当减少催化材料质量或者增加溶液浓度，以便区分。）

（二）样品准备

（1）用量筒移取 100mL BPA 溶液置于 250mL 烧杯中，加入 50mg LaMnO$_3$ 钙钛矿，连续搅拌 30min 以达到吸附-解吸平衡。再加入 2mL 的 10g/L 过硫酸氢钾溶液，以开启催化反应，每隔 10min 取样一次，取样量 3mL，立刻通过 0.45μm 滤膜过滤，以待测试。

（2）取尖底离心管，加入 100μL 样品和 2mL DMPO 水溶液，用铝箔盖住避光保存，用于检测·OH 和 SO$_4^-$·。

（3）取尖底离心管，加入 $100\mu L$ 样品和 2mL DMPO 甲醇溶液，用铝箔盖住避光保存，用于检测 $\cdot O_2^-$。

（4）取尖底离心管，加入 $100\mu L$ 样品和 2mL TEMP 溶液，用铝箔盖住避光保存，用于检测 $^1O_2$。

（三）样品测试

（1）设置磁场：打开电子自旋共振波谱仪磁场控制系统，根据测试需求设置合适的磁场强度，温度设置为 298K。

（2）设置微波源：调节微波源输出的频率（如 9.823GHz）和功率（如 6.325mW），调制振幅设置成 1.0G，使其与样品的电子磁共振频率匹配。

（3）放置样品：将制备好的样品放置在电子自旋共振波谱仪中，确保样品与磁场的方向一致。

（4）开始测试：启动电子自旋共振波谱仪，开始记录电子磁共振信号。同时，记录微波功率和磁场强度。

（5）保存数据，按顺序关闭电子自旋共振波谱仪及其他设备，拷贝和整理数据，处理测试样品。

五、数据处理

（1）根据记录的信号和参数，进行数据处理与分析。使用 Origin 等软件进行谱图处理和参数提取。根据数据分析的结果，解读样品中未成对电子的性质和特征。与已知的参考数据进行比对，以验证测试结果的准确性。

（2）典型 ROS 的 ESR 谱图如图 15-1 所示。

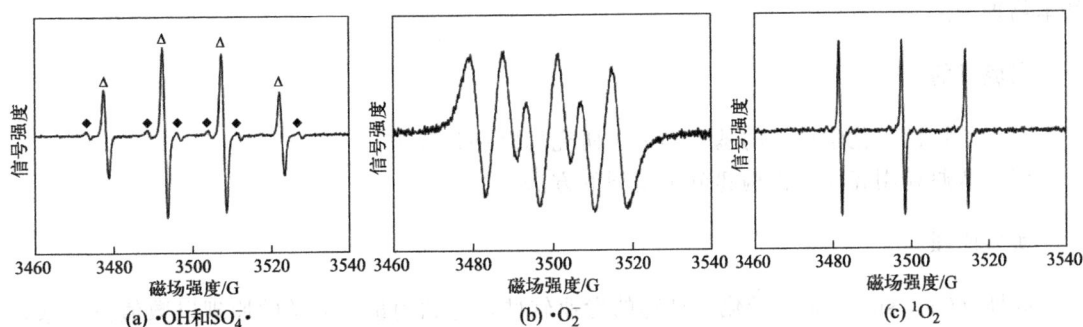

图 15-1　$\cdot OH$ 和 $SO_4^-\cdot$、$\cdot O_2^-$ 以及 $^1O_2$ 的 ESR 谱图[9]

六、思考题

（1）催化剂的表面性质如何影响活性氧物种的生成和检测？

（2）ESR 技术与其他活性氧物种检测方法（如荧光探针法、化学发光法等）相比，有哪些优势？

第四章
密度泛函理论计算在环境催化中的应用

实验 16　高斯软件的界面介绍与构建分子模型

1964 年，霍恩伯格（Hohenberg）和科恩（Kohn）给出了密度泛函理论（density functional theory，DFT）方法的两个基本定理。第一定理表明，分子的基态能量仅是电子密度和原子核坐标的函数，或者说，对于给定的原子核坐标，基态能量和性质可由电子密度来确定，它肯定了分子基态函数的存在。第二定理表明，分子基态的电子密度函数可使体系能量最低，这为利用变分原理求得密度函数提供了理论依据。在密度泛函理论中，体系的总能量可分解为：

$$E(\varphi) = E^{T}(\varphi) + E^{V}(\varphi) + E^{J}(\varphi) + E^{XC}(\varphi)$$

式中，E^{T} 是电子动能；E^{V} 为电子与原子核间的吸引势能（简称外场能）；E^{J} 为库仑作用能；E^{XC} 为交换-相关能（包括交换能和相关能）。E^{V} 和 E^{J} 是直接的，因为它们代表经典的库仑相互作用，而 E^{T} 和 E^{XC} 不是直接的，它们是 DFT 方法中需要设计泛函的两个基本物理量。

一、实验目的

（1）了解量子化学计算的基本知识、研究思路和计算方法。
（2）掌握利用高斯软件构建分子模型的方法。

二、实验原理

高斯（Gaussian）是量子化学计算的专业软件，它利用量子力学的原理以数值方法来预测化学分子的性质，主要用于气相或溶液的分子构型优化（基态、激发态、反应过渡态）、能量计算（基态和激发态能量、化学键的键能、电子亲和能和电离能、化学反应途径和势能面）以及光谱计算等。

三、仪器

（1）GaussView 6.1.1 及 Gaussian 16 软件。
（2）计算机。

四、实验步骤

（一）高斯软件的界面介绍

（1）开启 GaussView，会看到两个窗口（图 16-1），左边的窗口为选择窗口，在里面选择要输入的分子或基团，右边的窗口为绘图窗口，使用鼠标绘制想要绘制的图形。

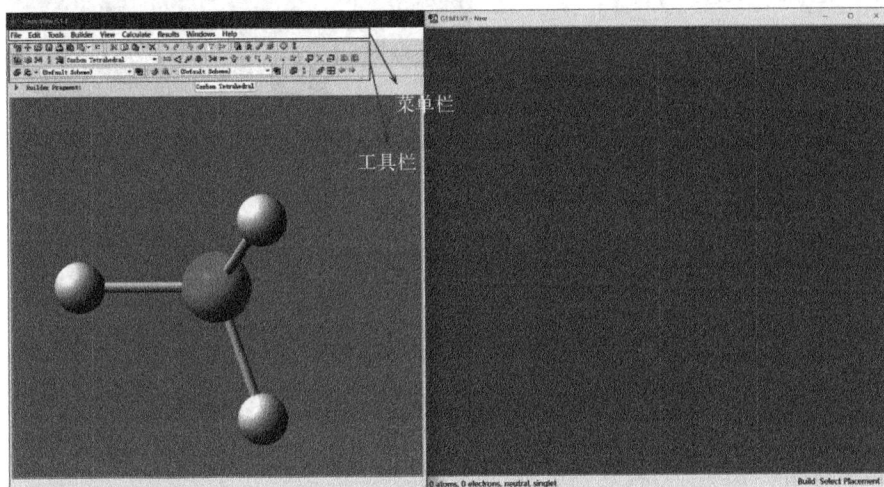

图 16-1 GaussView 的主界面

（2）菜单栏介绍，如图 16-2 所示。

图 16-2 GaussView 的菜单栏

【File】主要功能是建立、打开、保存和打印当前的文件。

【Edit】完成对分子的剪贴、拷贝、删除、抓图等。

【Tools】修改分子的高级工具。

【Builder】从标准片段构建分子，修改键长、键角等几何结构参数以及选择分子中的原子等。

【View】与显示分子相关的信息都在这个菜单下，如显示氢原子、键、元素符号、坐标等。

【Calculate】直接向 Gaussian 提交计算。

【Results】接收并显示 Gaussian 计算后的结果。

【Windows】控制窗体，如关闭、恢复等。

【Help】帮助。

（3）快速工具栏介绍。

【Element Fragment】单击打开会看到一个元素周期表，通过它可以选择需要绘制的元素以及价态（图 16-3）。

【Ring Fragment】提供各类环状化合物残基（图 16-4）。

【R-Group Fragment】提供常用的 R 基团模板，包括乙基、丙基、异丙基、异丁基等（图 16-5）。

【Inquire】检查当前分子的结构数据，且显示的信息取决于选择的原子数目（图 16-6）。选择一个原子，会显示元素类型和原子序数；选择两个原子，会显示相应的键长；选择三个原子，会显示相应原子间的角度；选择四个原子，会显示相应的二面角；选择任意两个原子，无论是否被键合，可以确定其距离；单击任何开放区域，可取消选中的原子。

41

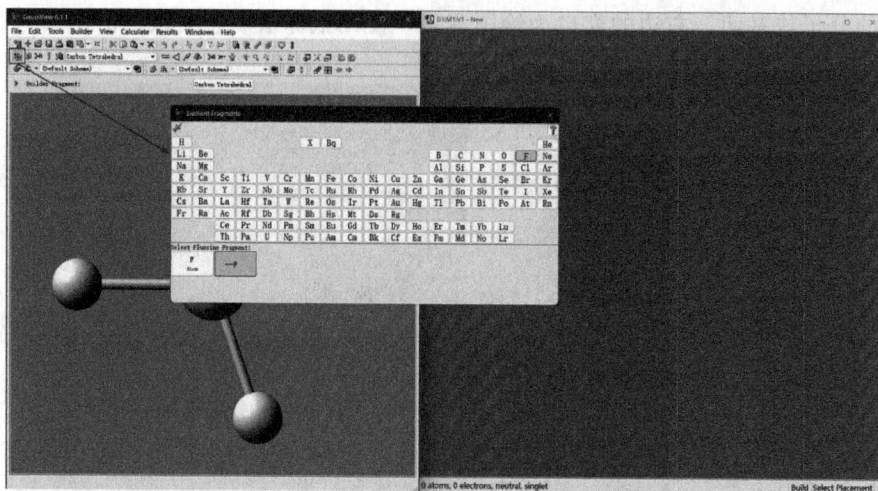

图 16-3　GaussView 的工具栏之一

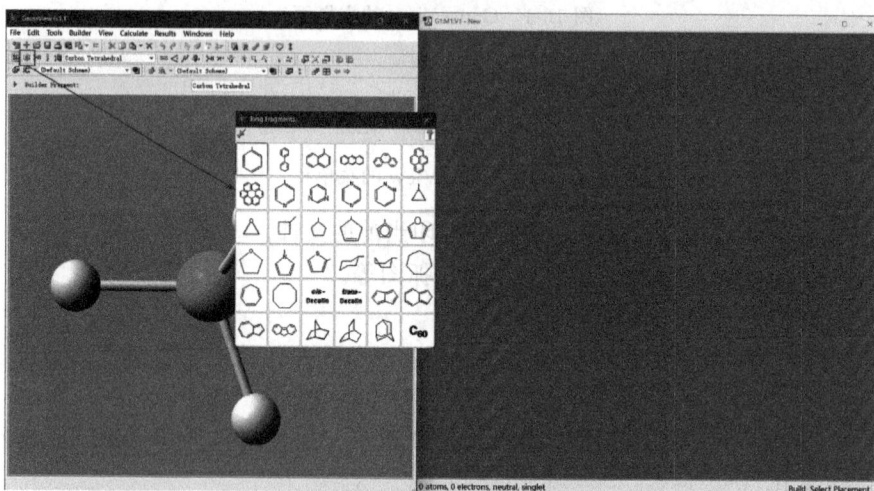

图 16-4　GaussView 的工具栏之二

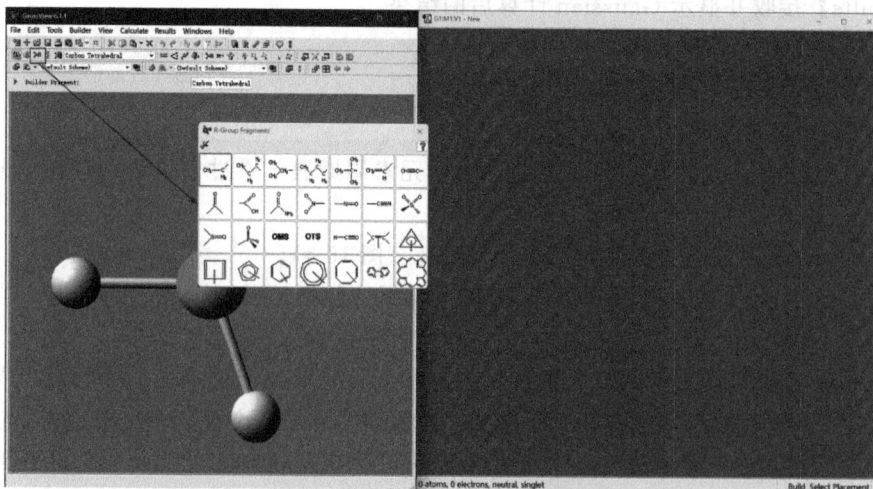

图 16-5　GaussView 的工具栏之三

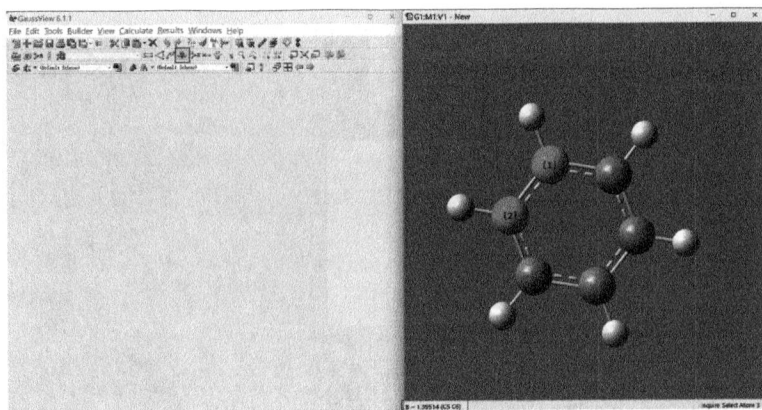

图 16-6　GaussView 的工具栏之四

【Display Format Editor】使用显示工具来改变视窗中的显示，包含五个标签（图 16-7）。General 标签中可改变背景颜色、显示或隐藏特定项目；Quality 标签中控制着静态物体和动态物体的显示质量；Molecule 标签控制着原子和化学键的显示；Text 标签中可改变内容的字体、字号和颜色；Surface 标签用于设置分子表面和电子密度相关的显示选项。

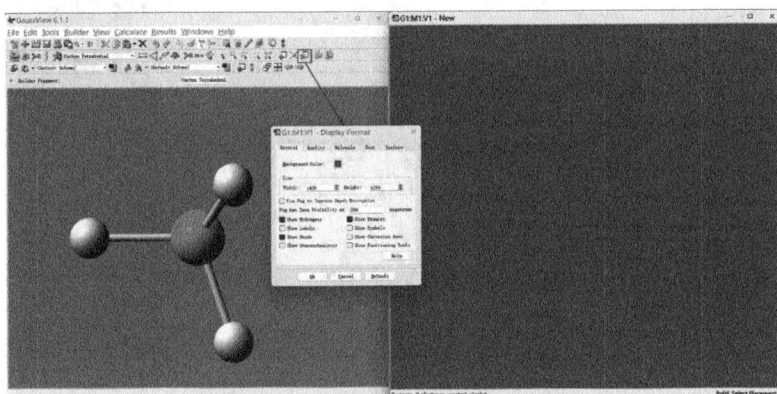

图 16-7　GaussView 的工具栏之五

【Preferences】允许改变程序的许多默认设置。例如，Icons 标签中控制图标的尺寸，可改变工具栏的大小（图 16-8）；Colors 标签中可改变各种元素的默认颜色（图 16-9）。

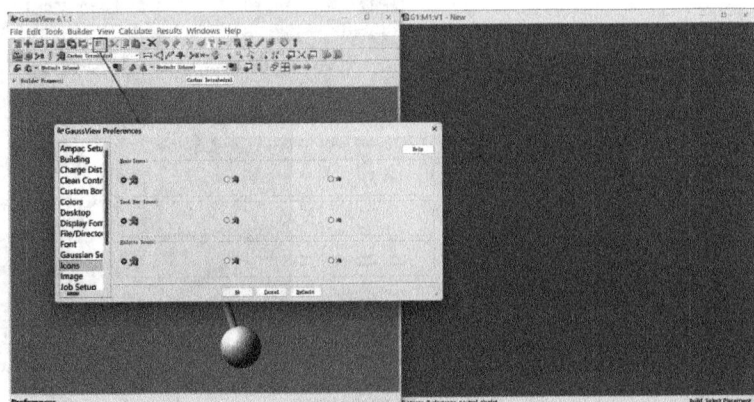

图 16-8　GaussView 的工具栏之六

43

图 16-9　GaussView 的工具栏之七

（二）构建分子模型

（1）开启 GaussView（图 16-10），本实验以构建一个间氟苯乙烷分子为例进行学习。

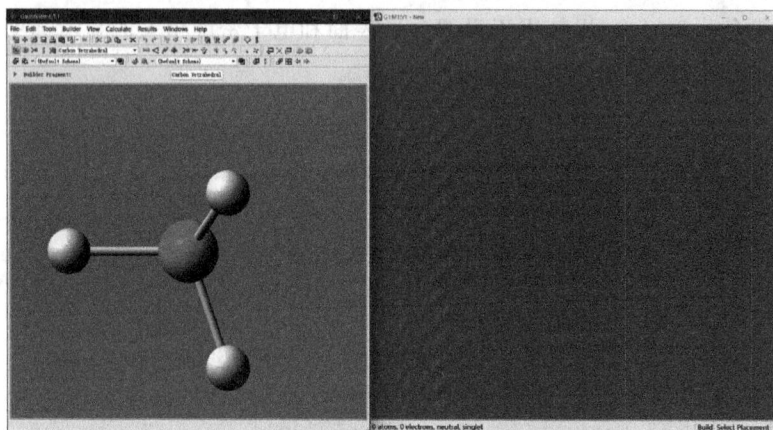

图 16-10　开启 GaussView 的界面

（2）双击【Ring Fragment】图标按钮，选择苯基，会看到主程序框体中出现苯环（图 16-11）。

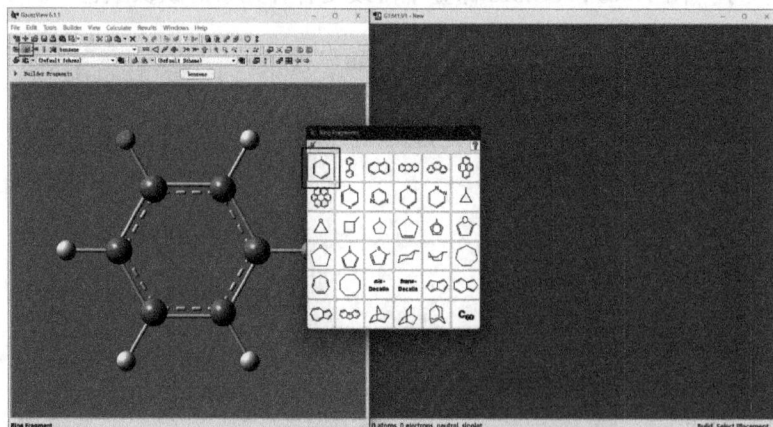

图 16-11　构建苯环的界面之一

（3）在工作窗口单击，可以看到工作窗口也出现了一个苯环（图 16-12）。单击左键，可以将主程序框体中的分子或基团加入工作窗口；按上下左右键，或者按住左键不放移动鼠标，可以调节分子的角度；滚动鼠标滚轮，可以放大缩小分子；按住 Shift 键，按住左键不放移动鼠标，可以移动分子。当工作窗口内有多个分子时，用 Shift＋Alt＋鼠标左键组合，移动想要移动的分子；用 Ctrl＋Alt＋鼠标左键组合调节其中一个分子的角度。

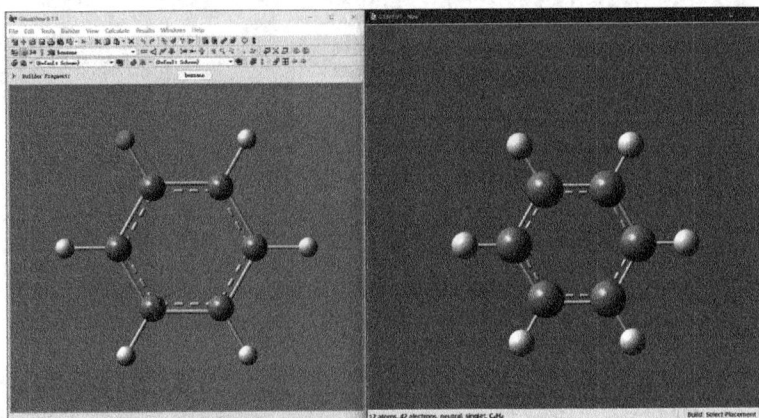

图 16-12 构建苯环的界面之二

（4）双击【Element Fragment】图标，在元素周期表中选择【F】元素，回到工作窗口在苯环的任意一个【H】上单击，使之变成【F】（图 16-13）。

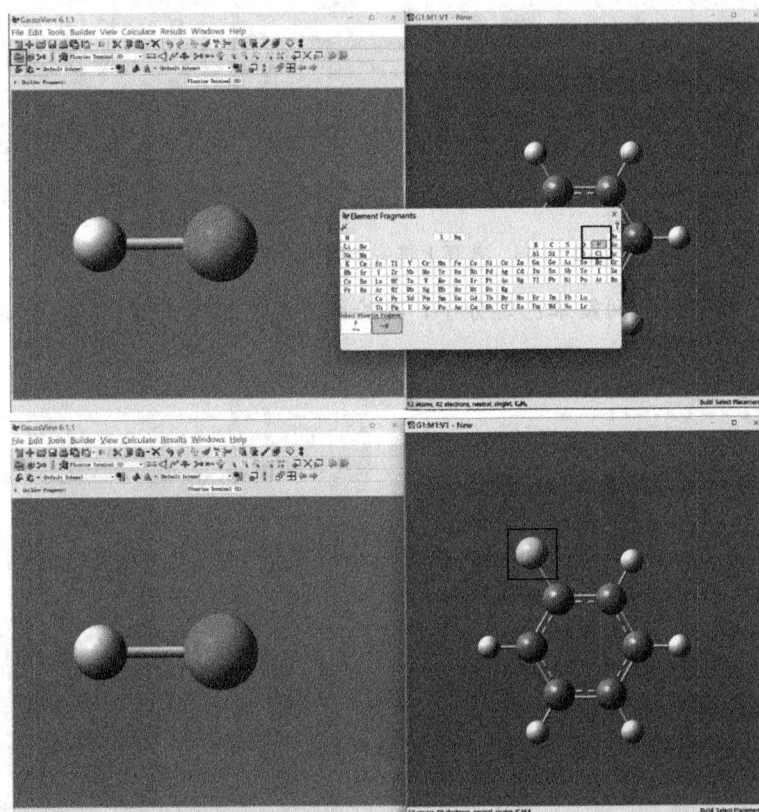

图 16-13 苯环上取代氟原子的界面

（5）双击【R-Group Fragment】，从链烃库中选择【乙基】，然后点击苯环氟原子间位上的【H】即可。至此，间氟苯乙烷分子构建完成（图 16-14）。

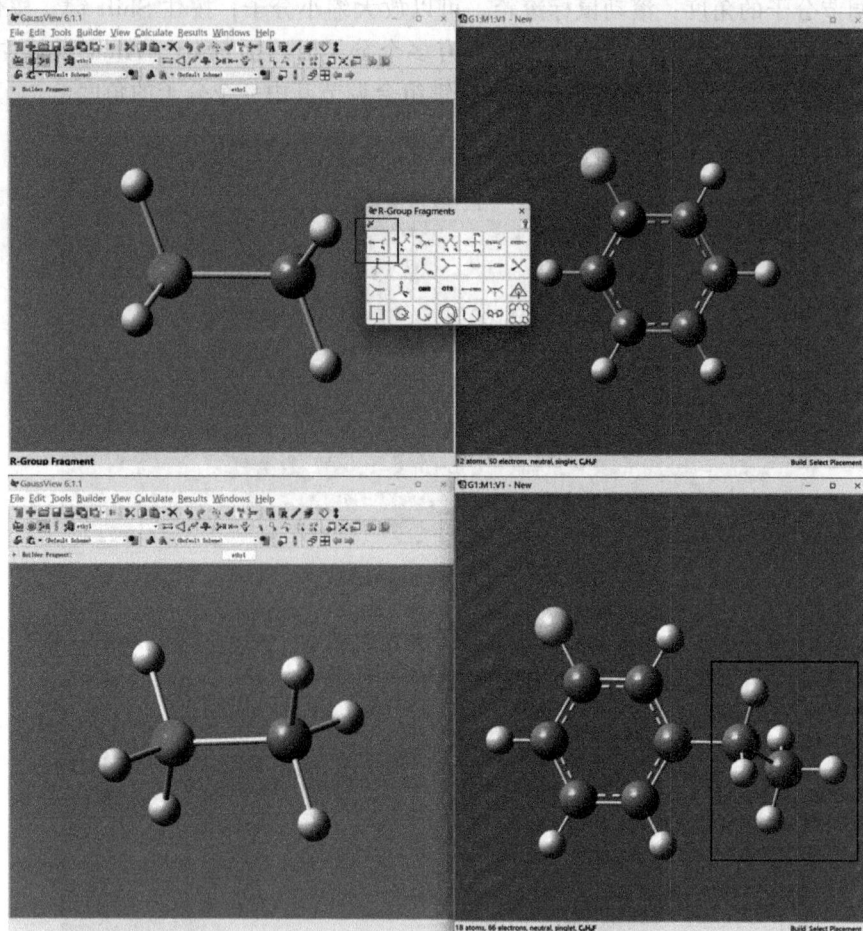

图 16-14　苯环上进一步取代乙基的界面

（6）保存已构建好的间氟苯乙烷分子，在绘图界面右键单击【File】—【Save】，然后选择保存路径即可（图 16-15）。

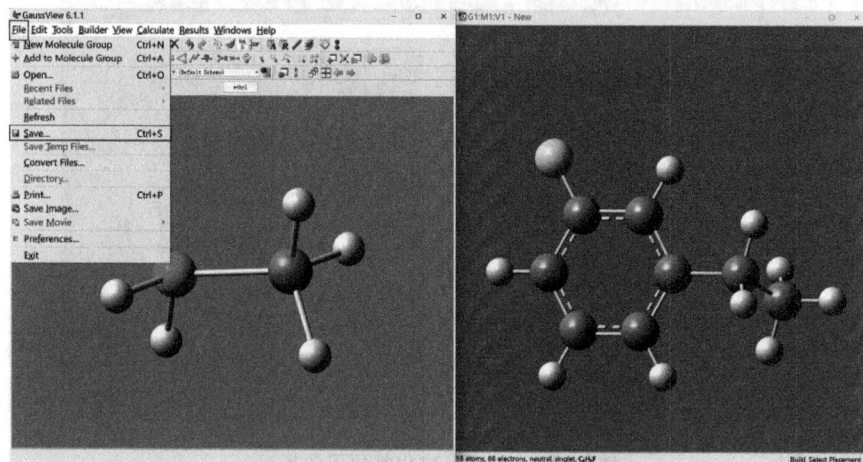

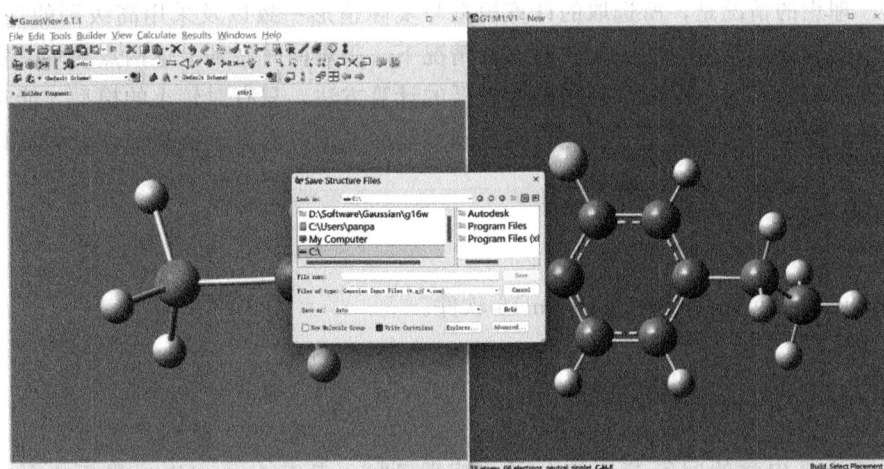

图 16-15　保存间氟苯乙烷分子的界面

五、思考题

（1）Gaussian 与 GaussView 的界面结构有何不同？各自的主要功能是什么？

（2）任选一种新污染物，利用 GaussView 构建其分子结构。

实验 17　高斯软件对有机物分子结构的模拟计算

污染物分子作为环境污染的主要载体，其结构特性直接决定了其在环境中的稳定性、迁移性、转化性以及毒性等关键性质。因此，深入理解和优化污染物分子的结构，对于制定有效的污染控制策略、开发高效的污染治理技术具有重要意义。

Gaussian 软件作为一款功能强大的量子化学计算软件，被广泛应用于污染物分子结构的优化计算中。该软件基于量子力学原理，能够精确模拟分子的电子结构、几何构型、振动频率等性质，为污染物分子的结构优化提供了科学依据和技术支持。本实验中，主要利用高斯软件对特定的有机物分子进行结构优化计算。结构优化是指通过调整分子的几何构型（如键长、键角、二面角等），使分子在特定条件下（如能量最低）达到最稳定的状态。这一过程不仅有助于我们更深入地理解分子的内在结构特性，还能够为后续的化学反应预测、光谱性质分析等提供可靠的基础数据。

一、实验目的

（1）熟悉 GaussView 和 Gaussian 的界面功能。

（2）使用高斯软件对构建的分子模型进行优化处理。

二、实验原理

Gaussian 软件被认为是一个理论模型，必须适用于任何种类和大小的体系，它的应用限制只应该来自计算条件的限制。主要包括两方面内容：一是理论模型应该对任何给定的核和电子有唯一的定义，即对于解薛定谔方程来讲，分子结构本身就可以提供充分的信息；二是理论模型不依靠任何的化学结构和化学过程。计算模型和方法的选取是保证计算结果可靠性的关键，理想的情况是，所选取的计算模型与实际情形一致以及采用高级别的计算方法。但是，由于受到计算软硬件的限制，在多数情况下，很难同时做到上述两点要求。实际操作中，当计算模型较大时，只能选择精确度较低的计算方法，只有对较小的模型才能选取高级的计算方法。因此，当确定了一种计算模型和方法后，最好对其进行验证，以保证计算结果的可靠性。

三、仪器

（1）GaussView 6.1.1 及 Gaussian 16 软件。
（2）计算机。

四、实验步骤

（1）打开已构建的间氟苯乙烷分子（实验16），点击 GaussView 界面上的【Calculate】—【Gaussian Calculate Setup】（图 17-1）。

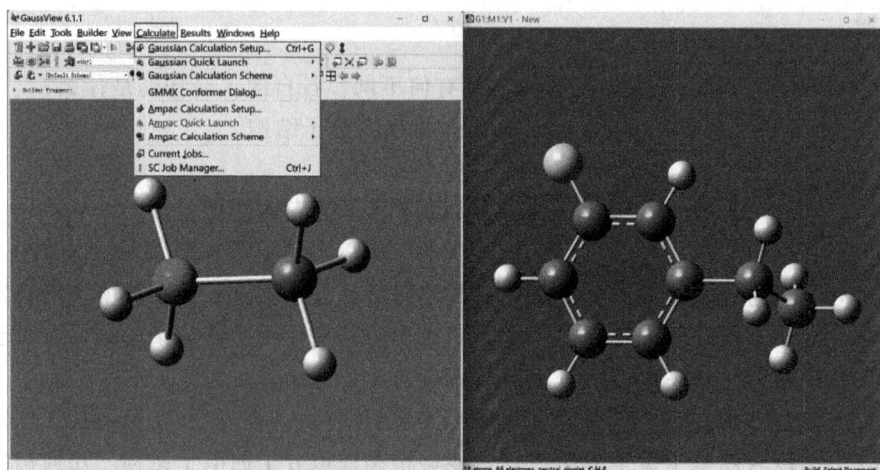

图 17-1　打开 GaussView 的计算界面

（2）在【Gaussian Calculate Setup】中进行参数设定，【Job Type】工作类型选择【NMR】核磁，【Method】方法选择默认值，【Title】题目可自行命名，【Link 0】中检查点文件命名，其余选择默认即可（图 17-2）。

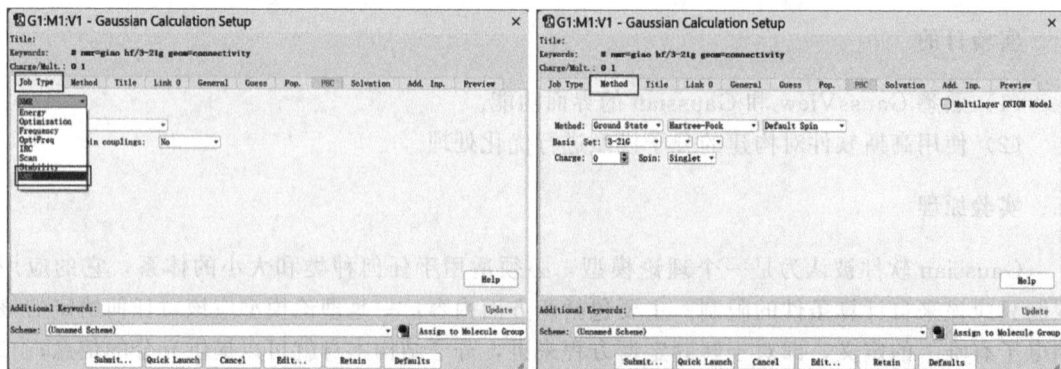

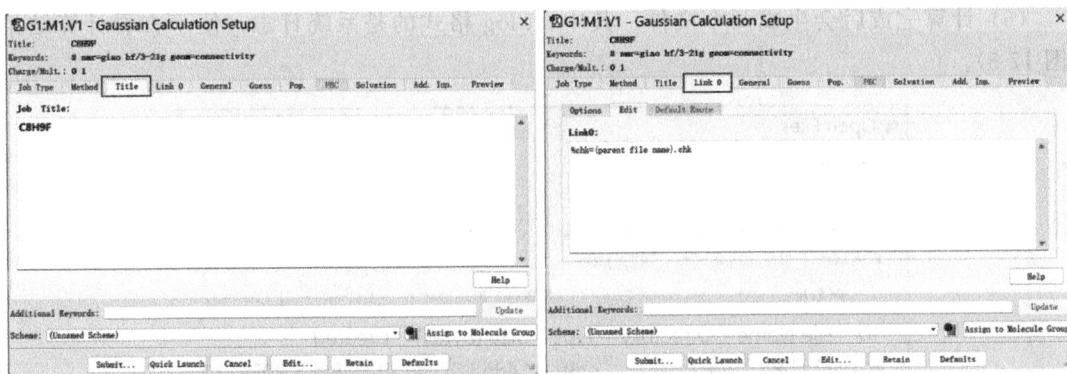

图 17-2　Gaussian Calculate Setup 中参数设定的界面

（3）点击【Submit】提交至 Gaussian，并保存。

（4）系统会询问是否提交至 Gaussian，选择【OK】，Gaussian 会自动开启并计算，计算时间因硬件配置而异（图 17-3）。

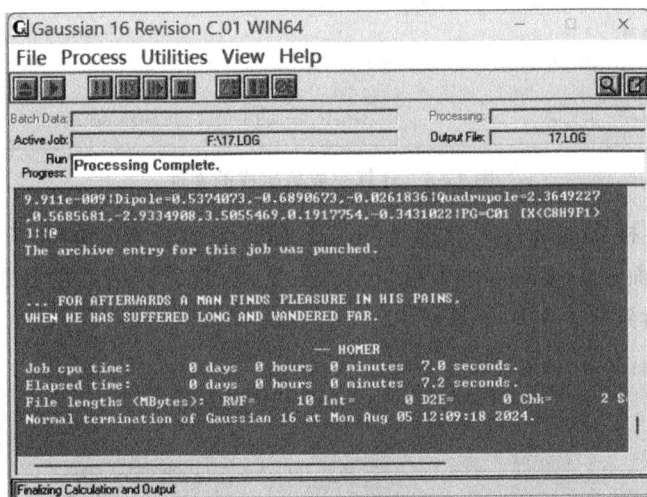

图 17-3　自动计算的界面

（5）计算完毕后系统会提示关闭 Gaussian，点击【是】（图 17-4）。

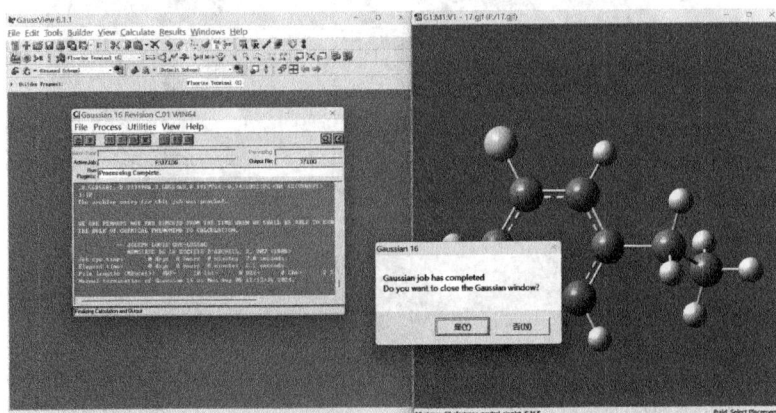

图 17-4　计算完成的界面

49

（6）计算完成后会生成两个文件。其中，.log 格式的是系统日志，便于查看计算结果（图 17-5）。

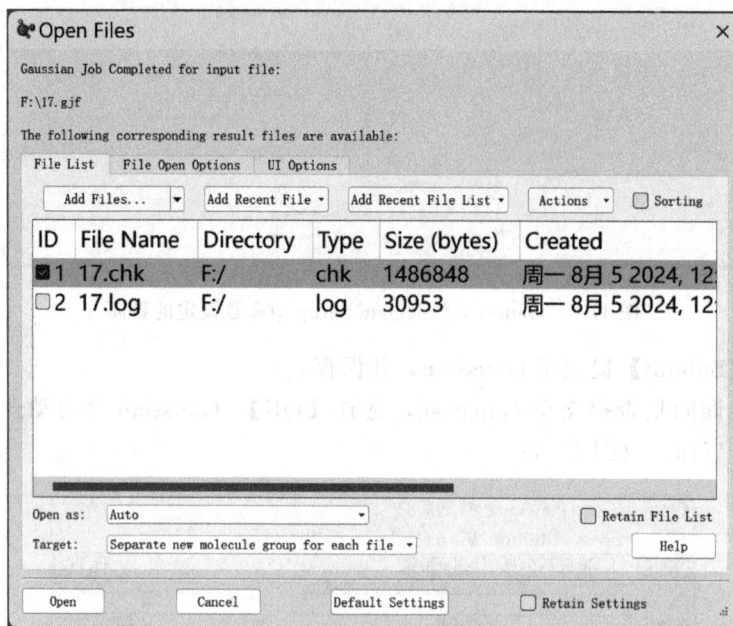

图 17-5　计算完成后生成的文件

（7）选择 .chk 格式的文件，点击【Open】即可看到计算后的分子式（图 17-6）。在 GaussView 的主界面点击【Results】—【Summary】，可以看到刚才的计算总结（图 17-7），点击【File】可以看到日志文件（图 17-8）。

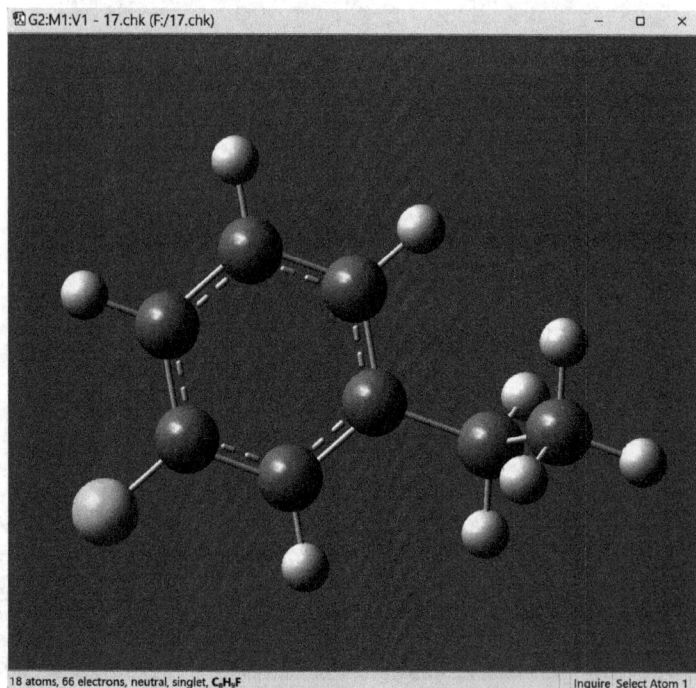

图 17-6　计算完成后的间氟苯乙烷分子结构

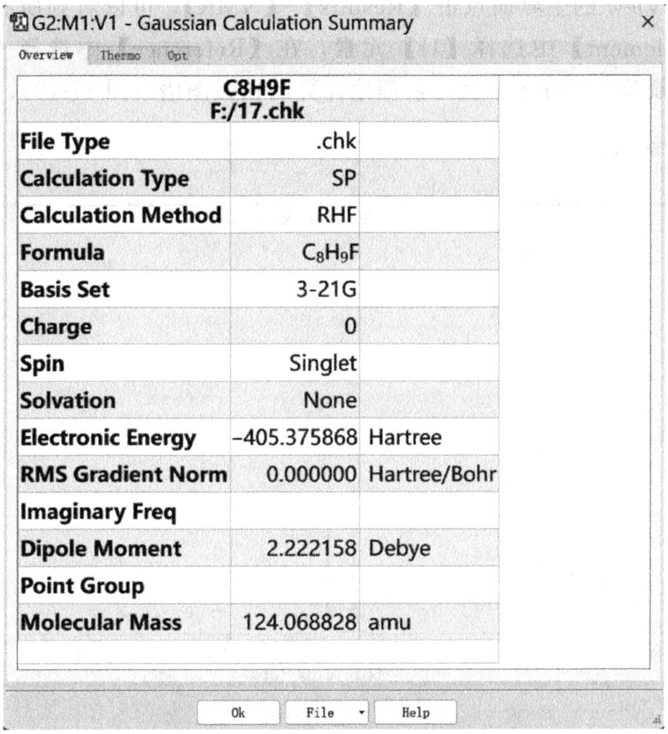

G2:M1:V1 - Gaussian Calculation Summary ✕

Overview | Thermo | Opt

C8H9F	
F:/17.chk	
File Type	.chk
Calculation Type	SP
Calculation Method	RHF
Formula	C_8H_9F
Basis Set	3-21G
Charge	0
Spin	Singlet
Solvation	None
Electronic Energy	−405.375868 Hartree
RMS Gradient Norm	0.000000 Hartree/Bohr
Imaginary Freq	
Dipole Moment	2.222158 Debye
Point Group	
Molecular Mass	124.068828 amu

Ok | File ▾ | Help

图 17-7　间氟苯乙烷分子的计算总结

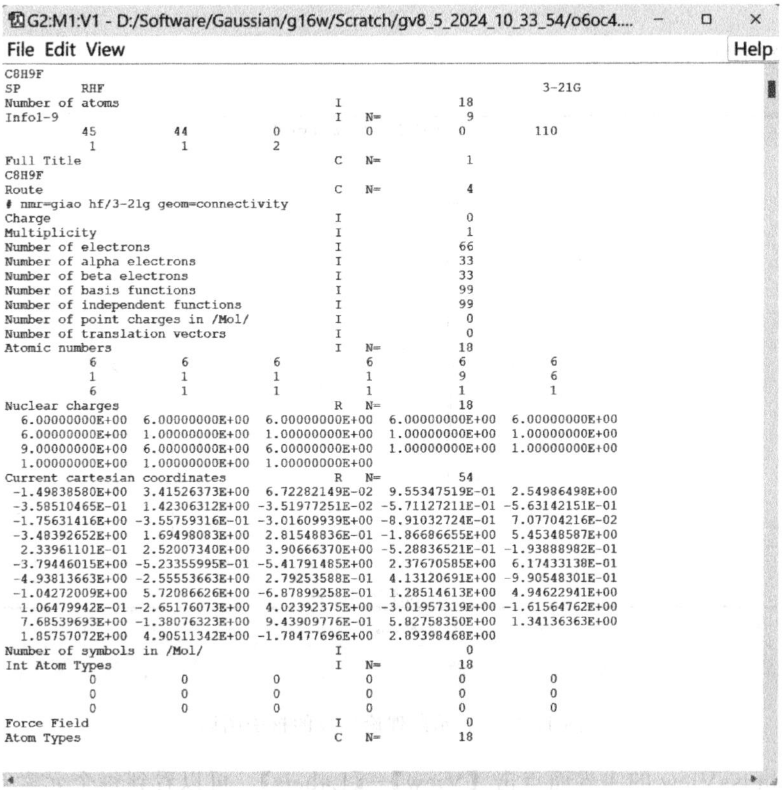

G2:M1:V1 - D:/Software/Gaussian/g16w/Scratch/gv8_5_2024_10_33_54/o6oc4.... − □ ✕

File Edit View　　　　　　　　　　　　　　　　　　　　　　　　　　　　　Help

```
C8H9F
SP          RHF                                                    3-21G
Number of atoms                        I          18
Info1-9                                I   N=      9
        45        44        0          0          0         110
         1         1        2
Full Title                             C   N=      1
C8H9F
Route                                  C   N=      4
# nmr=giao hf/3-21g geom=connectivity
Charge                                 I          0
Multiplicity                           I          1
Number of electrons                    I          66
Number of alpha electrons              I          33
Number of beta electrons               I          33
Number of basis functions              I          99
Number of independent functions        I          99
Number of point charges in /Mol/       I          0
Number of translation vectors          I          0
Atomic numbers                         I   N=     18
        6         6         6          6          6          6
        1         1         1          1          9          6
        6         1         1          1          1          1
Nuclear charges                        R   N=     18
  6.00000000E+00  6.00000000E+00  6.00000000E+00  6.00000000E+00  6.00000000E+00
  6.00000000E+00  1.00000000E+00  1.00000000E+00  1.00000000E+00  1.00000000E+00
  9.00000000E+00  6.00000000E+00  6.00000000E+00  1.00000000E+00  1.00000000E+00
  1.00000000E+00  1.00000000E+00  1.00000000E+00
Current cartesian coordinates          R   N=     54
 -1.49838580E+00  3.41526373E+00  6.72282149E-02  9.55347519E-01  2.54986498E+00
 -3.58510465E-01  1.42306312E+00 -3.51977251E-02 -5.71127211E-01 -5.63142151E-01
 -1.75631416E+00 -3.55759316E-01 -3.01609939E+00 -8.91032724E-01  7.07704216E-02
 -3.43392652E+00  1.69498083E+00  2.81548836E-01 -1.86686655E+00  5.45348587E+00
  2.33961101E-01  2.52007340E+00  3.90666370E+00 -5.28836521E-01 -1.93889982E-01
 -3.79446015E+00 -5.23355995E-01 -5.41791485E+00  2.37670585E+00  6.17433138E-01
 -4.93813663E+00 -2.55553663E+00  2.79253588E-01  4.13120691E+00 -9.90548301E-01
 -1.04272009E+00  5.72086626E+00 -6.87899258E-01  1.28514613E+00  4.94622941E+00
  1.06479942E-01 -2.65176073E+00  4.02392375E+00 -3.01957319E+00 -1.61564762E+00
  7.68539693E+00 -1.38076323E+00  9.43909776E-01  5.82758350E+00  1.34136363E+00
  1.85757072E+00  4.90511342E+00 -1.78477696E+00  2.89398468E+00
Number of symbols in /Mol/             I          1
Int Atom Types                         I   N=     18
        0         0         0          0          0          0
        0         0         0          0          0          0
        0         0         0          0          0          0
Force Field                            I          0
Atom Types                             C   N=     18
```

图 17-8　间氟苯乙烷分子的日志文件

51

（8）在 GaussView 的主界面点击【Results】—【NMR】，可以看到所有元素的核磁图谱（图 17-9）。在【Element】中选择【H】元素，在【Reference】中选择【TMS HF/6-31G (d)】即可查看间氟苯乙烷分子中氢元素理论计算的核磁图谱（图 17-10）。

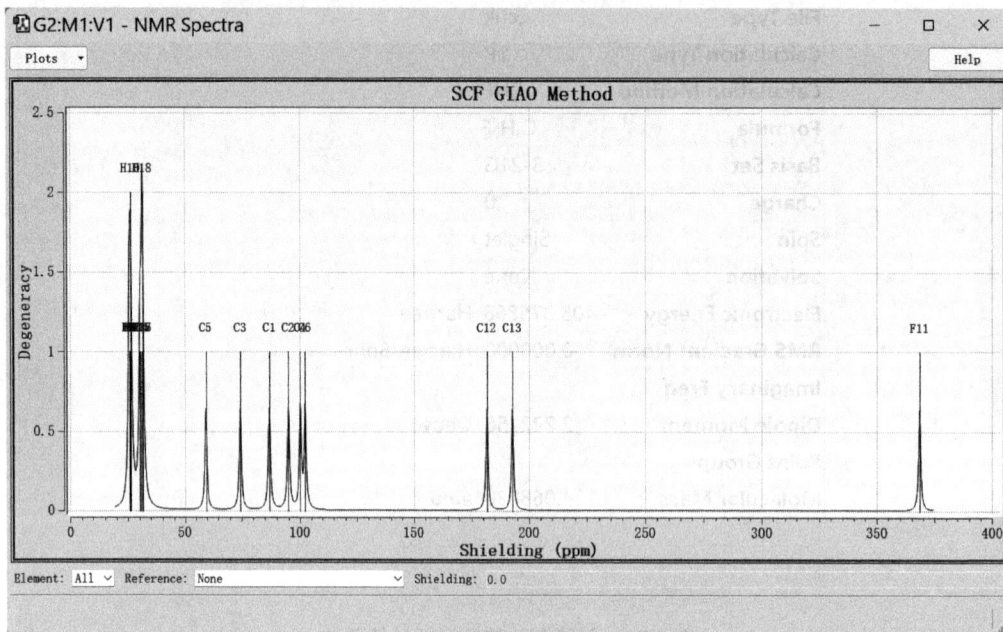

图 17-9　间氟苯乙烷分子的核磁图谱

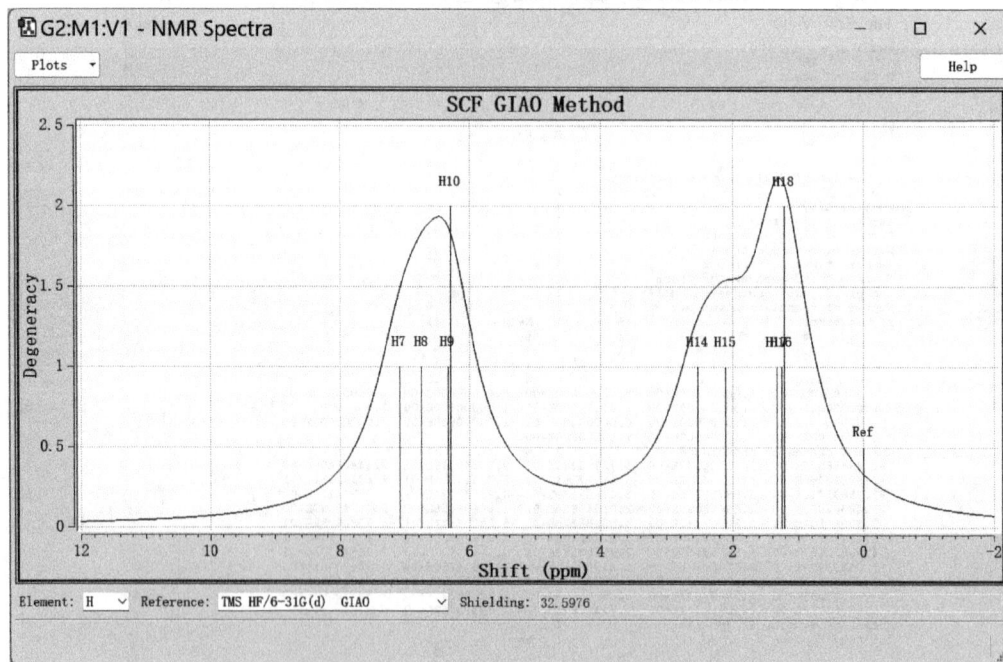

图 17-10　氢元素理论计算的核磁图谱

（9）在 GaussView 的主界面点击【View】—【Labels】，可以看到每个元素对应场中的位置（图 17-11）。

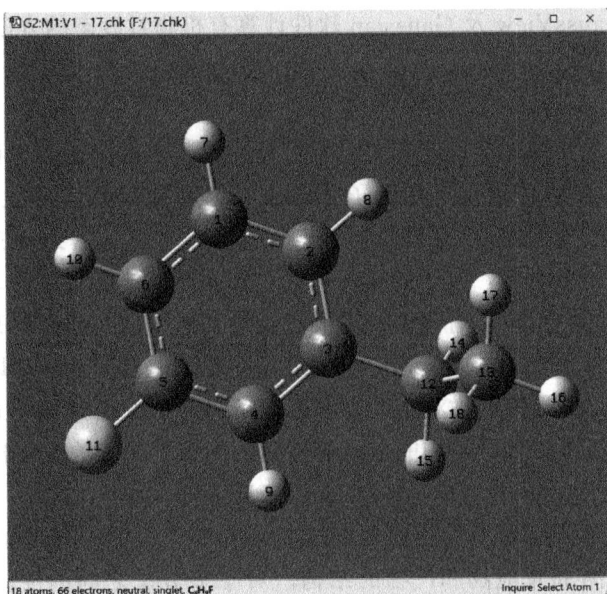

图 17-11　间氟苯乙烷分子中每个元素对应场中的位置

五、思考题

（1）分子结构优化过程中，如何判断优化是否收敛？

（2）优化后的分子结构与其初始结构相比，有哪些显著变化？这些变化对分子的物理和化学性质有何影响？

实验 18　高斯软件对有机物过渡态的模拟计算

在化学领域，理解化学反应的机理和路径是揭示物质性质、设计新型催化剂及合成新材料的关键。其中，过渡态作为连接反应物和产物的关键中间状态，其结构和能量特征对于理解反应速率、选择性和立体化学等至关重要。然而，由于过渡态存在时间极短且难以直接观测，传统的实验方法往往难以直接获取其详细信息。

随着计算机技术的飞速发展，量子化学计算软件如高斯（Gaussian）已成为研究化学反应过渡态的重要工具。高斯软件以其强大的计算能力和丰富的功能，能够模拟复杂分子的电子结构、振动频率、反应路径等，提供了一种非实验手段来探索化学反应的微观世界。本实验旨在让学生掌握量子化学计算的基本原理和方法，了解高斯软件的基本操作和功能，并通过实际操作加深对有机物反应机理和过渡态特征的理解。通过本实验，学生将学习如何构建合理的分子模型、选择合适的计算方法和基组、设置合理的计算参数，以及如何利用高斯软件进行能量优化、频率分析和内禀反应坐标（IRC）计算等关键步骤，最终获得过渡态的结构和能量信息。此外，本实验还注重培养学生的实践能力和创新思维。在实验过程中，学生需要面对并解决各种实际问题，如收敛问题、计算资源限制等，这将锻炼他们分析问题和解决问题的能力。同时，通过探索不同的计算方法和基组对结果的影响，学生可以深入理解量子化学计算的复杂性和多样性，激发他们对化学和材料研究的兴趣和热情。

一、实验目的

（1）了解有机物过渡态的基本定义及意义。

（2）掌握通过 GaussView 及 Gaussian 软件计算有机物过渡态的方法。

二、实验原理

本质上，电子和原子核的运动是相关而不可分割的，求解薛定谔方程得到的是描述二者状态的总波函数和体系的总能量。在量子化学中，为简化问题，一般采用玻恩-奥本海默（Born-Oppenheimer，BO）近似。由于电子比原子核轻得多，其运动速度远快于原子核，核坐标改变过程中的每一时刻，电子的状态可以立即调整以使能量最低，而以电子的视角看原子核就是不动的势场，所以，有理由将原子核运动与电子的运动分离开来。可以在每一组核坐标确定的情况下求解电子的薛定谔方程，电子能量加上核间互斥能即得到此几何结构下的分子总能量。这种 BO 近似的做法由于在求解电子薛定谔方程时忽略了核运动，所以也称为核不动近似。在 BO 近似下分子的能量是核坐标的函数，系统地变化核坐标，随之变化的能量就构成了势能面（potential energy surface，PES）。

过渡态结构指的是势能面上反应路径的能量最高点，是通过最小能量路径（minimum energy path，MEP）连接反应物和产物的结构。对于多分子之间的反应，更确切来讲过渡态结构连接的是它们由无穷远接近后因为范德瓦耳斯力和静电力形成的复合物结构，以及反应完毕但尚未无限远离时的复合物结构。确定过渡态有助于了解反应机理，以及通过势垒高度计算反应速率。搜索过渡态的算法一般结合第一性原理、DFT 方法，在半经验或者小基组条件下，难以像描述平衡结构一样正确描述过渡态结构，使得计算尺度受到了限制。

三、仪器

（1）GaussView 6.1.1 及 Gaussian 16 软件。
（2）计算机。

四、实验步骤

（1）开启 GaussView，构建氰化氢（HCN）分子结构并进行保存（图 18-1），Windows 默认输出文件是 .gjf 文件。
（2）在分子建模界面点击右键，选择【Calculation】—【Gaussian Calculate Setup】。【Job

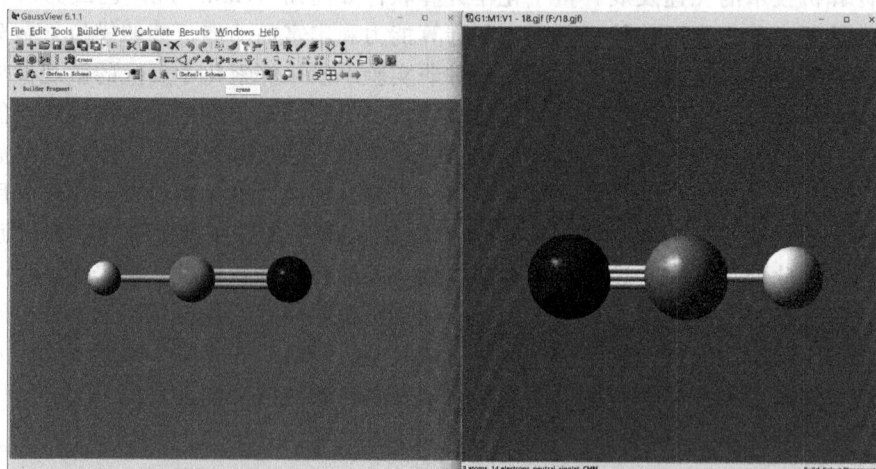

图 18-1　构建 HCN 分子

Type】中选择【Optimization】—【Minimum】，将其优化至能量最低点；【Method】中选择基态、DFT 泛函、默认自旋、B3LYP 经典泛函，机组选择 6-31G；【Title】中给结构以及优化操作取个名称（如 HCN）；【Link 0】中设置任务分配内存（100MW）、处理器核数（4）以及.chk 文件的目录，其中，.chk 文件即检查点文件，包含所有分子操作信息，可以直接读取；其余选项默认即可（图 18-2）。

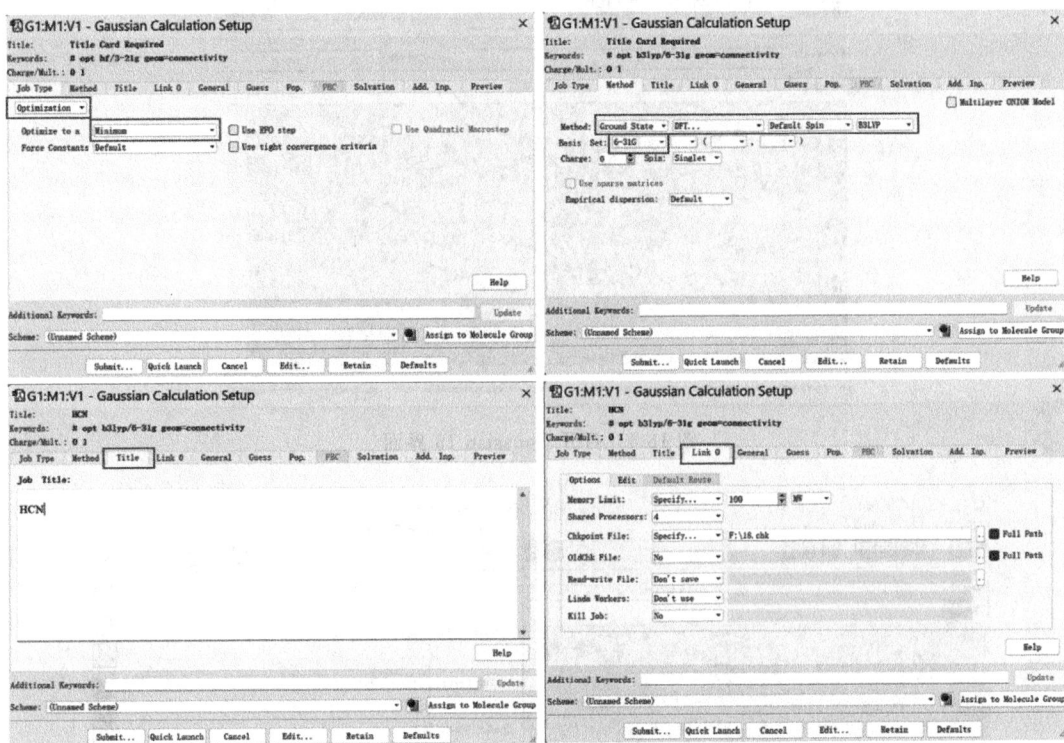

图 18-2　Gaussian Calculate Setup 中参数设定的界面

（3）点击【Retain】保存，之后重新保存结构并且覆盖原.gjf 文件。

（4）同理，同样的方法、泛函、基组使用在产物 HNC 上（图 18-3）。

图 18-3　构建 HNC 分子

(5) 打开 Gaussian 16（图 18-4），点击【File】—【Open】，打开 HCN 分子之前保存的 .gjf 文件（图 18-5），将分子结构放入 Gaussian 16 中，点击右上角的【RUN】即可执行任务（图 18-6）。

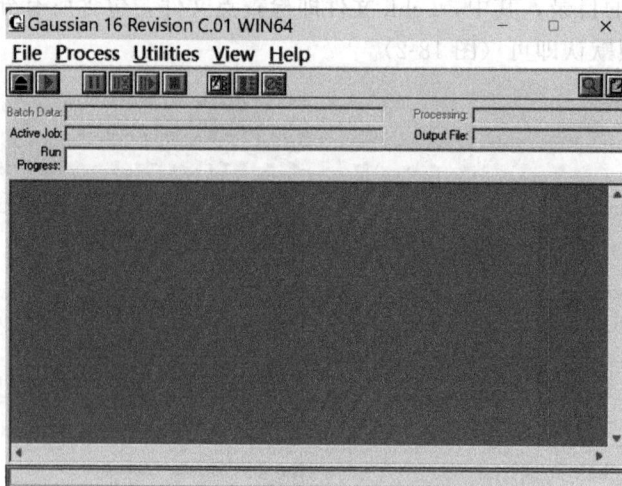

图 18-4　打开 Gaussian 16 界面

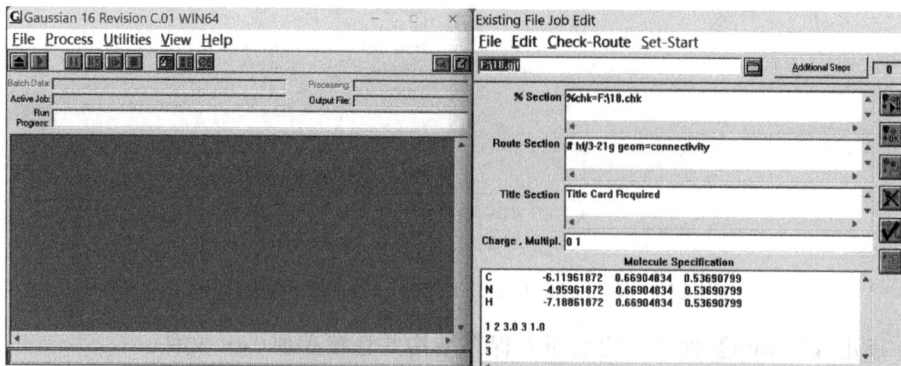

图 18-5　打开 HCN 文件并执行任务

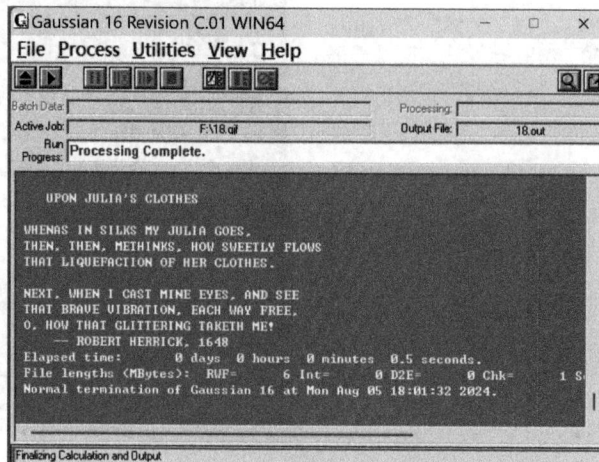

图 18-6　HCN 执行完成

（6）同理，同样方法处理 HNC 结构（图 18-7 和图 18-8）。

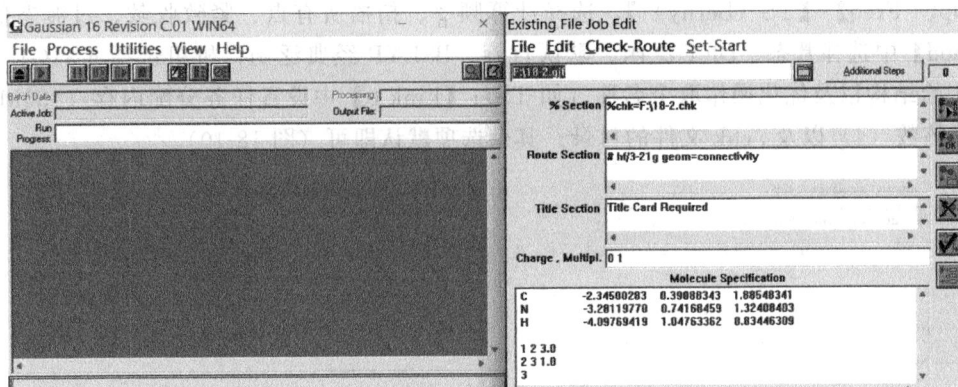

图 18-7　打开 HNC 文件并执行任务

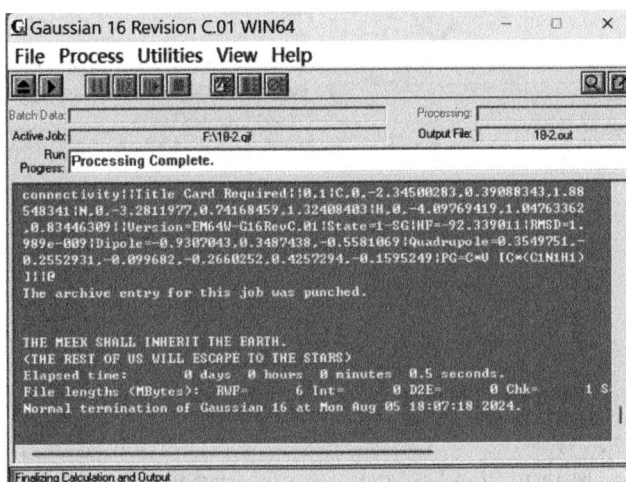

图 18-8　HNC 执行完成

（7）GaussView 构建过渡态（transition state，TS）并且优化寻找 TS（图 18-9）。在分

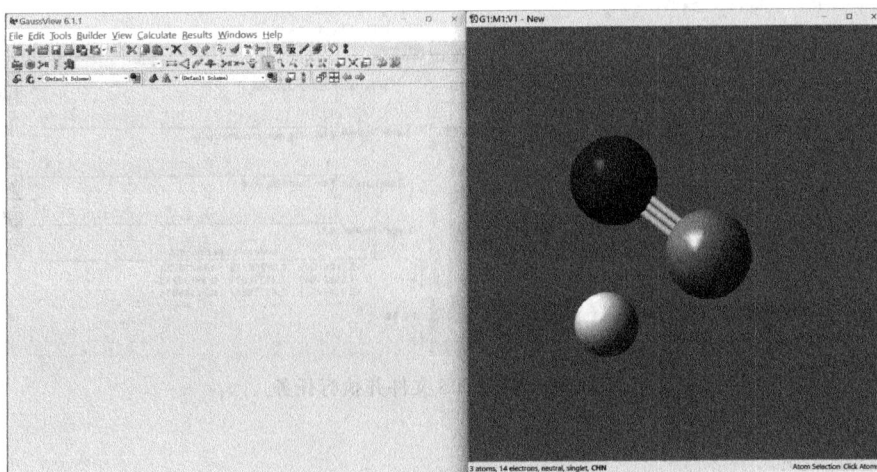

图 18-9　构建猜想的过渡态

子建模界面点击右键，选择【Calculation】—【Gaussian Calculate Setup】。【Job Type】中选择【Opt＋Freq】—【TS（Berny）】，选择计算频率、扫描所有点、紧致收敛、过渡态优化；【Method】中选择基态、DFT 泛函、默认自旋、B3LYP 经典泛函，机组选择 6-31G；【Title】中给结构以及优化操作取个名称（如 TS）；【Link 0】中设置任务分配内存（150MW）、处理器核数（4）以及 .chk 文件的目录；其余选项默认即可（图 18-10）。

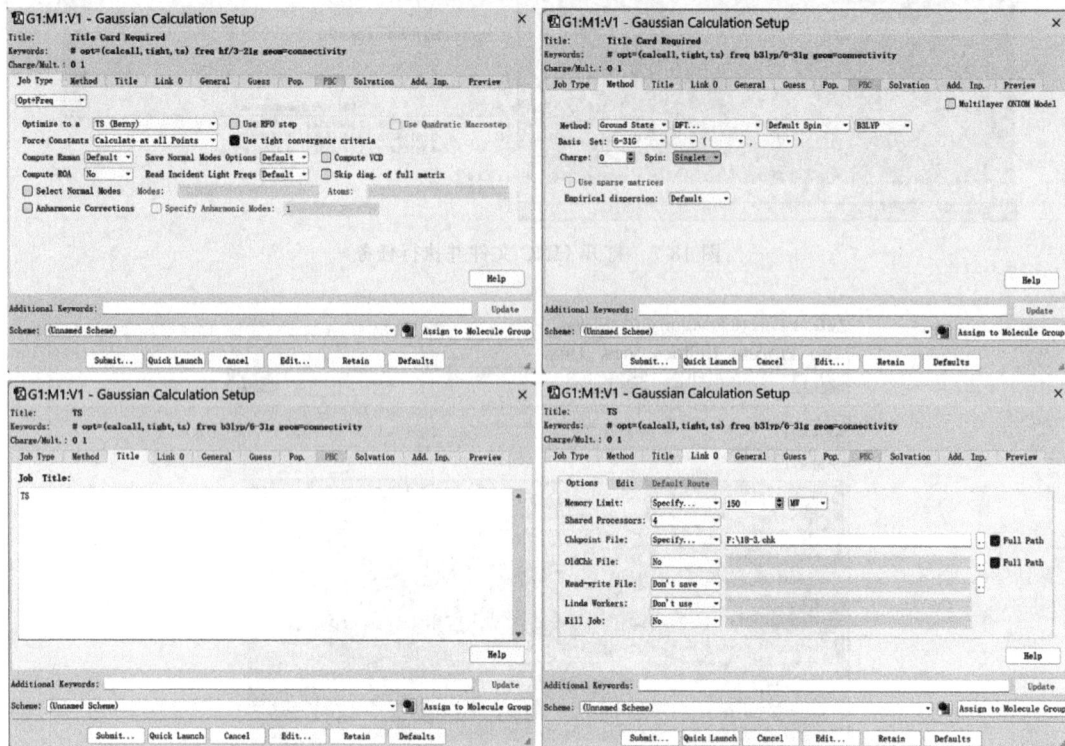

图 18-10　Gaussian Calculate Setup 中参数设定的界面

（8）同理，点击【Retain】保存 .gjf 文件，Gaussian 16 打开后运行计算（图 18-11 和图 18-12）。

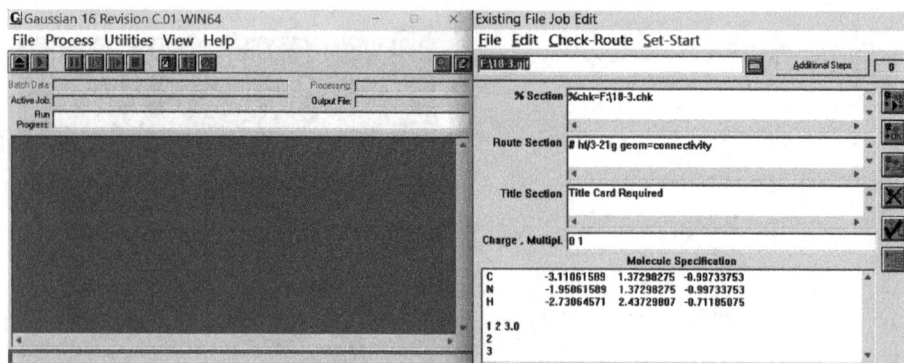

图 18-11　打开 TS 文件并执行任务

五、数据处理

（1）高斯输出文件在 Windows 下是 .out 文件，打开保存输出文件的位置（图 18-13）。

图 18-12　TS 执行完成

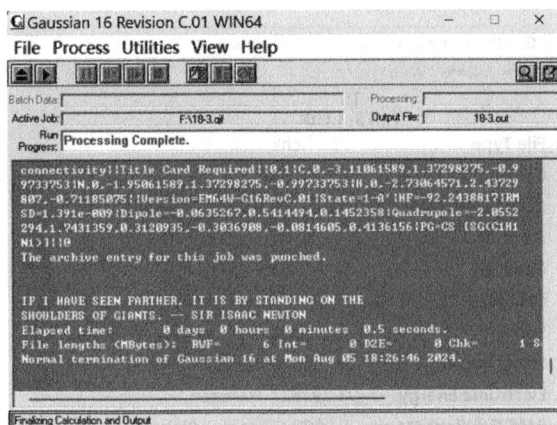

图 18-13　输出文件

① .gjf 文件——Windows 初始高斯输入文件；

② .chk 文件——检查点文件，高斯可以读取检查点文件执行；

③ .out 文件——Windows 初始高斯输出文件，可以读取分子任务的全部信息。

（2）将 .out 文件拖入 GaussView 中查看 TS 分子结构以及数据（图 18-14）。【Results】—【Summary】中查看 TS 的能量（图 18-15）。

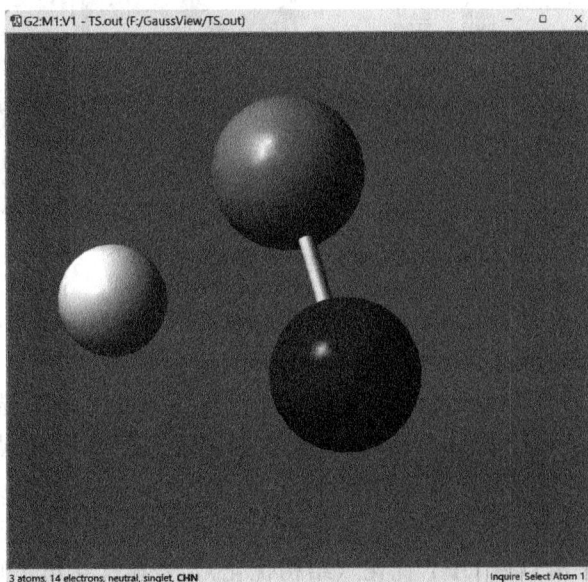

图 18-14　TS 分子结构以及数据

图 18-15　TS 分子的计算结果总结

（3）判断 TS 是不是过渡态的一个方式就是看有无虚频，若在【Results】—【Vibrations】中有且只有一个虚频，则 TS 为过渡态（图 18-16）。

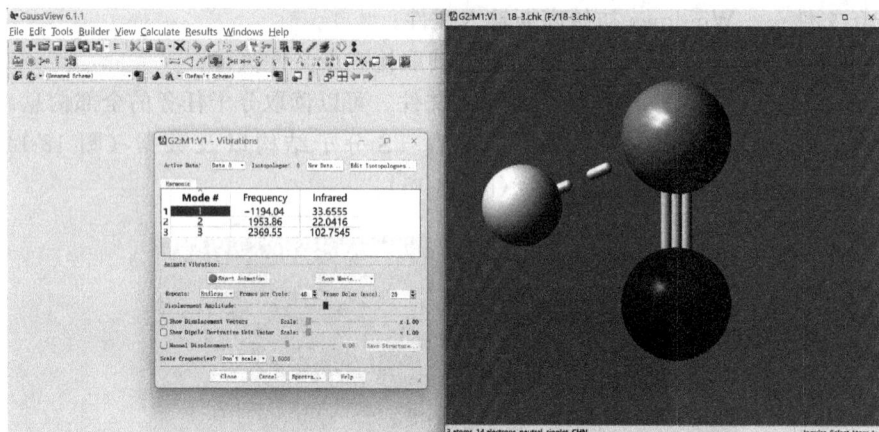

图 18-16　判断 TS 有无虚频的界面

（4）IRC 分析。若找到了过渡态，而且这个过渡态有且只有一个虚频，接下来就要判断这个过渡态是不是该反应的过渡态了，因此要进行 IRC 分析。

用 GaussView 打开 TS.out 文件，在分子建模界面点击右键，选择【Calculation】—【Gaussian Calculate Setup】，【Job Type】中选择【IRC】（图 18-17），点击【Retain】，保存文件，Gaussian 16 打开后运行计算（图 18-18）。再次用 GaussView 打开 IRC.out 文件，在【Results】—【IRC/path】中查看 TS 能量变化的火山图（图 18-19）。若 IRC/path 火山图两侧平滑，选择两侧的平滑点做 OPT 优化（结构优化），若能优化出，则该过渡态是我们需要找的过渡态；若火山图左右两侧不平滑，则还需要在【Job Type】中设置更大的步长。

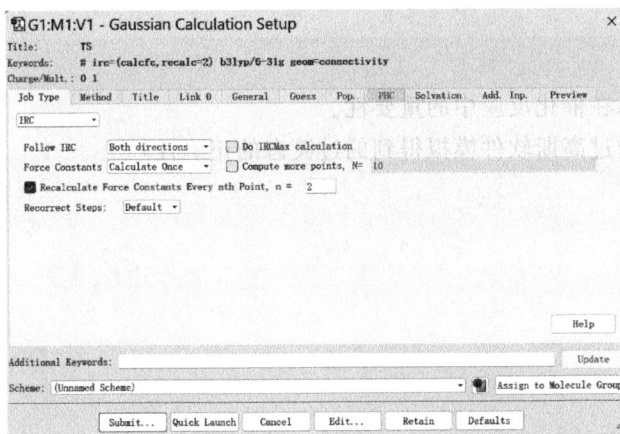

图 18-17　Gaussian Calculate Setup 中参数设定的界面

图 18-18　打开 TS 文件并执行任务

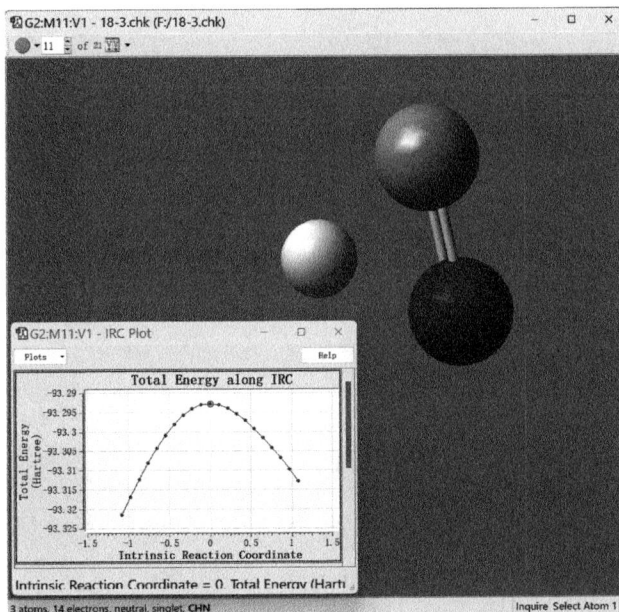

图 18-19　IRC/path 火山图

六、思考题

（1）分析过渡态在催化反应中的重要性。

（2）如何验证通过高斯软件模拟得到的过渡态的正确性？

第五章
环境催化材料在重金属钝化方面的应用

实验 19　水中重金属离子（铜、铅、镉）的检测与分析

与其他有机污染物不同的是，水体中重金属元素具有不可生物降解性、生物富集性和半衰期长等特点，通过在藻类和底泥中积累并被鱼类和贝类吸附，产生食物链浓缩，最终进入高等动物乃至人体中，对生态环境和人类健康造成严重危害。重金属污染作为我国水资源的一种重要污染类型，有必要对其含量进行严格监测，并根据水质变化采取相应的污染控制措施，从而有效防控涉重金属环境风险。

一、实验目的

（1）了解目前水体中重金属污染的基本情况及危害。

（2）掌握石墨炉原子吸收分光光度技术检测重金属的方法。

二、实验原理

石墨炉原子吸收分光光度法是指样品经过滤或消解后注入石墨炉原子化器，经干燥、灰化和原子化，形成目标元素的基态原子蒸气，对相应元素空心阴极灯或其他光源发射的特征谱线产生选择性吸收，在一定范围内其吸光度与目标元素的质量浓度成正比。本方法适用于地表水、地下水和生活污水中铜、铅、镉的测定。

石墨炉原子吸收分光光度法具有较高的灵敏度。每种元素都有其为数不多的特征吸收谱线，不同元素的测定采用相应的元素灯，因此，谱线干扰在原子吸收分光光度法中是少见的。影响原子吸收分光光度法准确度的主要因素是基体的化学干扰。由于样品和标准溶液基体的不一致，样品中存在的某些基体常常影响被测元素的原子化效率，如在火焰中形成难以解离的化合物或使解离生成的原子很快重新形成在该火焰温度下不再解离的化合物，这时就发生干扰作用。一般来说，铜、铅、镉的基体干扰不明显。

三、仪器与试剂

（一）仪器

（1）原子吸收分光光度计。

（2）电子分析天平。

（3）电热板。

（4）pH 计。

（5）烧杯：100mL、250mL。

（6）容量瓶：50mL、100mL、250mL、500mL。

（7）移液管：5mL、10mL。

（8）一次性塑料滴管。

（二）试剂

（1）硝酸：优级纯。

（2）盐酸：优级纯。

（3）（1+19）硝酸：将浓硝酸和水按照1∶19的体积比混合均匀。

（4）（1+99）硝酸：将浓硝酸和水按照1∶99的体积比混合均匀。

（5）铜、铅、镉标准储备液（1000mg/L）：分别准确称取500.0000mg硫酸铜、硫酸铅、硫酸镉，用（1+19）硝酸溶解，移至500mL容量瓶中，用（1+19）硝酸定容至标线，摇匀，于4℃以下冷藏可保存1 a。

（6）铜、铅、镉标准中间液（50mg/L）：分别准确移取5.00mL铜、铅、镉标准储备液于100mL容量瓶中，用（1+19）硝酸定容至标线，摇匀，于4℃以下冷藏可保存30d。

（7）铜使用液（1mg/L）：准确移取5.00mL铜标准中间液于250mL容量瓶中，用（1+99）硝酸定容至标线，摇匀，现配现用。

（8）铅使用液（0.5mg/L）：准确移取2.50mL铅标准中间液于250mL容量瓶中，用（1+99）硝酸定容至标线，摇匀，现配现用。

（9）镉使用液（0.1mg/L）：准确移取0.50mL镉标准中间液于250mL容量瓶中，用（1+99）硝酸定容至标线，摇匀，现配现用。

（10）磷酸氢二铵溶液（10g/L）：准确称取1.0000g磷酸氢二铵，用适量水溶解后，转移至100mL容量瓶中，用水定容至标线，摇匀。

（11）磷酸氢二铵溶液（20g/L）：准确称取2.0000g磷酸氢二铵，用适量水溶解后，转移至100mL容量瓶中，用水定容至标线，摇匀。

（12）去离子水。

四、实验步骤

（一）样品的采集

采样用的聚乙烯塑料瓶，使用前用2%硝酸溶液浸泡24h，然后用去离子水冲洗干净。采样时，用水样洗涤容器2～3次。水样采集后，每1L水样加入2.0mL硝酸进行酸化（pH约为1.5）。

（二）样品的预处理

分别取2份100mL水样和2份100mL去离子水置于四组250mL烧杯中，加入9mL硝酸和3mL盐酸，置于电热板上，盖上表面皿，保持微沸状态，蒸至10mL左右。若溶液浑浊且颜色较深，补加5mL硝酸，继续消解，待溶液均匀清澈，将溶液蒸发至近干，取下，待溶液冷却后，用水淋洗烧杯内壁至少3次，全部移入50mL容量瓶中，用水定容至标线，摇匀，待测。

（三）标准系列溶液的配制

按照表19-1分别准确移取相应量的铜、铅、镉使用液，置于100mL容量瓶中，用（1+99）硝酸定容至标线，摇匀，配制铜、铅、镉标准系列溶液。

表 19-1　铜、铅和镉标准系列溶液

	编号	1	2	3	4	5	6
铜	标准系列溶液浓度/(μg/L)	10	30	50	70	90	100
	移取使用液量/mL	1	3	5	7	9	10
铅	标准系列溶液浓度/(μg/L)	2.5	5.0	10.0	20.0	30.0	50.0
	移取使用液量/mL	0.5	1	2	4	6	10
镉	标准系列溶液浓度/(μg/L)	0.5	1.0	2.5	5.0	7.5	10.0
	移取使用液量/mL	0.5	1	2.5	5	7.5	10

（四）标准曲线的绘制和样品的测定

（1）打开循环水、保护气和石墨炉电源，预热 10 分钟。

（2）将灵敏度开关调至"1"档。

（3）根据仪器使用说明书调节仪器至最佳工作状态，仪器参考测量条件见表 19-2。

（4）将空白液及测定液分别倒入比色皿 3/4 处，用擦镜纸擦清外壁，放入样品室内，使空白管对准光路。

（5）在暗箱盖开启状态下调节零点调节器，使读数盘指针指向 $t=0$ 处。

（6）盖上暗箱盖，调节"100"调节器，使空白管的 $t=100$，指针稳定后逐步拉出样品滑竿，分别读出测定管的光密度值，并记录。

（7）由低浓度到高浓度依次向石墨管内加入标准溶液和基体改进剂，测定吸光度。以标准溶液的质量浓度（μg/L）为横坐标，以其对应的吸光度为纵坐标，建立标准曲线。

（8）按照与标准曲线相同的仪器测量条件测定水样。如果测定结果超出标准曲线范围，应将水样用（1+99）硝酸溶液稀释后重新测定。

（9）比色完毕，关上电源，取出比色皿洗净，样品室用软布或软纸擦净。

表 19-2　仪器参考测量条件

目标元素	铜	铅	镉
光源	空心阴极灯	空心阴极灯	空心阴极灯
灯电流/mA	2.0	4.0	2.0
波长/nm	324.7	283.3	228.8
通带宽度/nm	0.4	0.8	0.4
基体改进剂	—	磷酸氢二铵溶液(10g/L)	磷酸氢二铵溶液(20g/L)
基体改进剂加入量/μL	—	5	5
（干燥温度/℃)/(时间/s）	(20~120)/50		
（灰化温度/℃)/(时间/s）	700/8	1000/10	1000/7
（原子化温度/℃)/(时间/s）	2000/3	2300/4	1850/4
（清除温度/℃)/(时间/s）	2200/4	2400/4	2300/4
氩气流量/(L/min)	1.2	1.2	1.2
原子化阶段是否停气	是	是	是
进样体积/μL	20	20	20
背景校正方式	纵向塞曼	纵向塞曼	纵向塞曼

五、数据处理

根据标准曲线和水样的吸光度值确定水样中铜、铅、镉的含量。

$$\rho_i = (\rho_{1i} - \rho_{0i}) \times D$$

式中 ρ_i ——水样中目标元素 i 的质量浓度，$\mu g/L$；

ρ_{1i} ——由标准曲线上查得的水样中目标元素 i 的质量浓度，$\mu g/L$；

ρ_{0i} ——由标准曲线上查得的空白样中目标元素 i 的质量浓度，$\mu g/L$；

D ——水样稀释倍数。

六、注意事项

（1）样品预处理时，可根据实际样品浓度适当调整取样体积或试样定容体积。

（2）样品预处理时，不同种类水质样品基体差异较大，在消解时各种酸的用量、消解温度和时间可视消解情况酌情增减。

（3）测定高浓度样品后，应增加石墨管空烧次数以消除记忆效应。

（4）所有玻璃器皿在使用前均需用 20% 硝酸浸泡 12h 以上，再用自来水和去离子水冲洗干净。

七、思考题

（1）针对原子吸收法测定重金属含量的实验，常见的干扰因素有哪些？如何消除？

（2）根据国家相关环境标准，对所测水样的重金属污染状况进行评价。

实验 20 活性炭对水中 Cr（Ⅵ）的吸附性能

铬（Cr）是人体的必需微量元素之一，参与糖代谢调节、促进蛋白质合成和生长发育等过程。铬缺乏可导致葡萄糖和脂类代谢的改变，并与糖尿病、心血管疾病和神经系统疾病有关。铬的毒性与其价态密切相关，其中，三价铬［Cr（Ⅲ）］和六价铬［Cr（Ⅵ）］是自然界中最常见的稳定价态，而 Cr（Ⅱ）、Cr（Ⅳ）和 Cr（Ⅴ）不稳定，容易转化成 Cr（Ⅲ）或 Cr（Ⅵ）。金属铬（0 价）不引起中毒，Cr（Ⅲ）属于低毒性物质，Cr（Ⅵ）毒性最大，其致畸、致癌和致突变毒性比 Cr（Ⅲ）高出 10～100 倍，国际癌症研究机构把 Cr（Ⅵ）归为"Ⅰ类致癌物"。

吸附过程，即气体或液体中的目标成分通过物理或化学方法转移到多孔物质表面。该工艺具有操作简单、管理方便、环境友好、处理效果好等优点。吸附过程可分为交换吸附、物理吸附、化学吸附。交换吸附主要是通过离子间的静电吸引在吸附剂的带电表面聚集；物理吸附利用溶质和吸附剂之间的分子间作用力（范德瓦耳斯力）进行，物理吸附通常由吸附剂的比表面积、孔径和孔隙率决定；化学吸附通过吸附剂的表面官能团与溶质形成化学键或表面配位，化学吸附通常由吸附剂的官能团决定[13]。常见的吸附材料一般包括碳基吸附剂、金属有机框架、黏土矿物、介孔材料、聚合物树脂、污泥衍生吸附剂和生物聚合物支撑的金属复合材料等。

一、实验目的

（1）理解吸附作用的基本原理。

66

（2）掌握吸附性能的评价方法。

二、实验原理

（一）吸附等温线

由于吸附材料、吸附质和吸附类型的不同，吸附机理也存在差异。一般而言，吸附过程中的主要作用力有化学键、范德瓦耳斯力、静电作用力、氢键等。吸附量 Q 由下式进行计算：

$$Q = \frac{(C_0 - C_e) \times V}{m}$$

式中　Q——吸附剂的吸附量，mg/g；

C_0——溶液中 Cr（Ⅵ）的初始浓度，mg/L；

C_e——溶液中 Cr（Ⅵ）的平衡浓度，mg/L；

V——待吸附 Cr（Ⅵ）溶液的体积，L；

m——吸附剂的质量，g。

活性炭对 Cr（Ⅵ）的吸附过程可采用弗罗因德利希（Freundlich）吸附等温式进行描述。Freundlich 吸附等温式是一个经验方程，假设发生的吸附过程是多分子层吸附，并且活性炭吸附位点在吸附材料表面的分布并不均匀。Freundlich 吸附等温式表现形式如下：

$$Q_e = KC_e^{1/n}$$

其线性表达式为：

$$\lg Q_e = \lg K + \frac{1}{n} \lg C_e$$

式中　Q_e——吸附剂的平衡吸附量，mg/g；

C_e——溶液中 Cr（Ⅵ）的平衡浓度，mg/L；

K——Freundlich 吸附平衡常数；

n——表征吸附作用强度的参数。

一般认为，$1/n$ 数值在 0.0～1.0 之间，数值大小表示浓度对吸附量影响的强弱。数值越小，吸附性能越好。数值在 0.1～0.5 之间，则易于吸附；数值大于 2.0 时难以吸附。

（二）吸附动力学

吸附是个复杂的传质过程，大多理论认为，被吸附的目标污染物从介质中转移到吸附材料表面一般可以分为三个主要阶段：外扩散阶段、内扩散阶段、吸附转移阶段。外扩散又称为边缘层扩散，指吸附质通过相界面层从吸附介质中扩散到吸附材料的外表面；内扩散又称为粒子内部扩散，指已经吸附在吸附材料表面的目标污染物向吸附材料内部孔隙和微管转移的过程；吸附转移指通过外扩散或内扩散转移到吸附材料表面的目标污染物与吸附材料上的活性吸附位点结合[14]。普遍认为第三阶段的吸附过程发生速度很快，所以该过程一般不是吸附材料吸附污染物的限速步骤。

（1）一级反应动力学理论。一级反应动力学理论认为吸附速率与吸附材料上未被占用的活性吸附位点的数量成正比，表现形式如下：

$$\frac{dQ_e}{dt} = k_1(Q_e - Q_t)$$

其线性表达式为：

$$\ln(Q_e - Q_t) = \ln Q_e - k_1 t$$

式中　Q_e——吸附剂的平衡吸附量，mg/g；

　　　Q_t——t 时刻所对应的吸附剂的吸附量，mg/L；

　　　k_1——一级反应动力学的吸附速率常数；

　　　t——吸附时间，min。

（2）二级反应动力学理论。二级反应动力学理论是基于化学吸附假设而提出的吸附动力学模型，它对数据通常具有很好的拟合能力，表现形式如下：

$$\frac{dQ_t}{dt} = k_2 (Q_e - Q_t)^2$$

其积分后的表达式为：

$$\frac{t}{Q_t} = \frac{1}{k_2 Q_e^2} + \frac{t}{Q_e}$$

式中　Q_e——吸附剂的平衡吸附量，mg/g；

　　　Q_t——t 时刻所对应的吸附剂的吸附量，mg/L；

　　　k_2——二级反应动力学的吸附速率常数；

　　　t——吸附时间，min。

（三）二苯碳酰二肼比色法测定 Cr(Ⅵ)

在酸性溶液中，Cr(Ⅵ) 与二苯碳酰二肼反应生成紫红色化合物，于波长 540nm 处进行分光光度测定。

三、仪器与试剂

（一）仪器

（1）水浴恒温振荡器。

（2）紫外可见分光光度计。

（3）电子分析天平。

（4）离心机。

（5）容量瓶：100mL、500mL、1L。

（6）锥形瓶：250mL。

（7）具塞比色管：50mL。

（8）移液管：1mL、5mL。

（9）一次性塑料滴管。

（二）试剂

（1）（1+1）硫酸：将浓硫酸缓慢加入同等体积的水中，混合均匀。

（2）（1+1）磷酸：将浓磷酸加入同等体积的水中，混合均匀。

（3）Cr(Ⅵ) 标准储备液（100mg/L）：准确称取于 110℃ 干燥 2h 的重铬酸钾（$K_2Cr_2O_7$）0.2829g，用水溶解后，移至 1L 容量瓶中，用水稀释至标线，摇匀。

（4）Cr(Ⅵ) 标准溶液（1mg/L）：准确移取 5.00mL 铬标准储备液，置于 500mL 容量瓶中，用水稀释至标线，摇匀，现用现配。

（5）显色剂：称取二苯碳酰二肼（$C_{13}H_{14}N_4O$）0.2g，溶于适量丙酮中，移至 100mL

容量瓶中，用丙酮稀释至标线，摇匀。贮于棕色瓶中，置于4℃冰箱保存。颜色变深后不可使用。

(6) 丙酮。

(7) 活性炭。

(8) 去离子水。

四、实验步骤

(一) 标准曲线的绘制

(1) 准确移取铬标准溶液0mL、2.00mL、4.00mL、6.00mL、8.00mL、10.00mL，分别置于6支50mL比色管中，用水定容至标线，摇匀。此标准系列Cr(Ⅵ)浓度分别为0.00mg/L、0.04mg/L、0.08mg/L、0.12mg/L、0.16mg/L、0.20mg/L。

(2) 向比色管中分别加入0.5mL(1+1)硫酸溶液和0.5mL(1+1)磷酸溶液，摇匀。

(3) 加入2mL显色剂，摇匀，显色10min后，于540nm波长处，用10mm比色皿，以水作参比，测量各标准系列Cr(Ⅵ)溶液的吸光度并记录下来。

(4) 以Cr(Ⅵ)浓度为横轴，吸光度为纵轴，建立标准曲线。

(二) 活性炭对Cr(Ⅵ)吸附平衡时间的测定

(1) 分别称量250mg活性炭于6组250mL锥形瓶中。

(2) 向每个锥形瓶中加入150mL 1mg/L的Cr(Ⅵ)标准溶液。

(3) 将上述样品在室温下进行振荡，分别于0.5h、1.0h、1.5h、2.0h、2.5h、3.0h后，取15mL浑浊液进行离心分离，再取10mL上清液于50mL比色管中，用水定容至标线，摇匀。加入0.5mL(1+1)硫酸溶液、0.5mL(1+1)磷酸溶液和2mL显色剂，摇匀，显色10min后，于540nm波长处测定其吸光度。根据标准曲线计算出取样点的Cr(Ⅵ)浓度，再根据实验数据绘图以确定吸附平衡所需的时间。

(三) 活性炭对Cr(Ⅵ)吸附量的测定

(1) 分别称量250mg活性炭于6组250mL锥形瓶中。

(2) 向每个锥形瓶中依次加入150mL 1mg/L、2mg/L、4mg/L、6mg/L、8mg/L、10mg/L的Cr(Ⅵ)溶液，盖上瓶塞后置于恒温振荡器上(图20-1)。

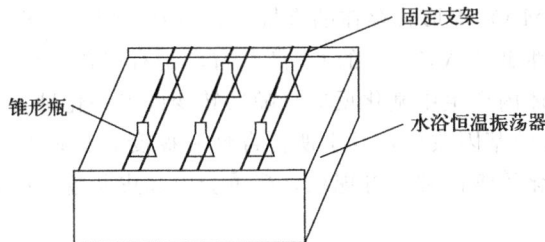

图20-1　吸附实验装置示意图

(3) 吸附平衡后，取15mL浑浊液进行离心分离，再取10mL上清液于50mL比色管中，用水定容至标线，摇匀。加入0.5mL(1+1)硫酸溶液、0.5mL(1+1)磷酸溶液和2mL显色剂，摇匀，显色10min后，于540nm波长处测定其吸光度。根据标准曲线计算出各组的Cr(Ⅵ)浓度，再根据实验数据计算出活性炭的平衡吸附量。

五、数据处理

（1）根据实验数据确定活性炭对 Cr(Ⅵ) 的吸附平衡时间。

（2）以 t 为横轴，$\ln(Q_e - Q_t)$ 为纵轴，作图，拟合活性炭吸附 Cr(Ⅵ) 的一级反应动力学；以 t 为横轴，t/Q_t 为纵轴，作图，拟合活性炭吸附 Cr(Ⅵ) 的二级反应动力学。

（3）以吸附量 Q 对初始浓度 C_0 作图，建立活性炭对 Cr(Ⅵ) 的吸附等温线。

（4）以 $\lg Q_e$ 对 $\lg C_e$ 作图，根据所得直线的斜率和截距可求得 Freundlich 吸附等温式的常数 K 和 n，建立 Freundlich 吸附等温线。

六、注意事项

实验所用的玻璃器皿在清洗时不能使用重铬酸钾溶液，可以使用硝酸、硫酸等混合液洗涤，洗涤后要用自来水和去离子水冲洗干净。玻璃器皿内壁要求光洁，以防吸附铬。

七、思考题

（1）为什么用去离子水作参比来调节紫外可见分光光度计的透光率为 100%，一般选择参比溶液的原则是什么？

（2）评价活性炭吸附 Cr(Ⅵ) 的动力学过程。

（3）影响活性炭对 Cr(Ⅵ) 吸附量的因素有哪些？

实验 21　氮化碳基催化剂对水中砷的氧化作用

天然水中砷（As）的存在通常与地球化学环境有关，如含水层沉积物原生砷的溶出释放、火山喷发沉积、岩石风化、微生物活化等作用均会导致水体中砷含量增加。而日益加剧的人为活动如金属矿石的冶炼、煤和石油的燃烧、含砷农药和木材防腐剂的使用、含砷废气废渣的排放等，促使水中砷污染问题愈加严重。1993 年，世界卫生组织（WHO）建议将饮用水中砷含量标准由 $50\mu g/L$ 降低为 $10\mu g/L$，而印度、美国等国家部分水源中砷含量均超过该标准。

砷的毒性不仅与其含量有关，更取决于砷的形态。砷在自然界中主要以两种形态存在，分别是以 As(Ⅲ) 和 As(Ⅴ) 形态存在的无机砷和以一甲基砷（MMA）、二甲基砷（DMA）、三甲基砷（TMA）等形式存在的有机砷。研究发现，无机砷的毒性比有机砷的毒性大，且 As(Ⅲ) 的毒性更是 As(Ⅴ) 的 60 倍左右，是有机砷毒性的 100 倍以上。当无机砷进入人体后，会在人体内产生甲基化反应，随后转变成甲基化砷，引起人体染色体突变和 DNA 结构损伤，最终导致基因改变，发生遗传毒性和癌变。长期饮用高砷水会导致人体出现皮肤色素异常、角质化等慢性砷中毒现象，严重会引起皮肤癌和肺癌。

一、实验目的

（1）了解水中砷污染的危害。

（2）掌握水中不同形态砷浓度的测定方法。

二、实验原理

为有效去除水中砷污染，需先将 As(Ⅲ) 氧化为易吸附的 As(Ⅴ)，然后经吸附、混凝、过滤等手段去除，故将 As(Ⅲ) 预氧化成 As(Ⅴ) 对于提高砷去除率非常重要。近年来，基于过硫酸盐的高级氧化技术是一种利用其化学反应过程中产生的硫酸根自由基（$SO_4^-·$）、羟基自由基（$·OH$）等强氧化性活性氧物种将目标污染物氧化降解的新型氧化技术。过硫酸盐包括过一硫酸盐（PMS，HSO_5^-，$E_0 = 1.82V$）和过二硫酸盐（PDS，$S_2O_8^{2-}$，$E_0 = 2.08V$），两者都具有氧化性，主要以铵盐、钾盐和钠盐的形式存在，极易溶于水[12]。与 PDS 相比，单独 PMS 对 As(Ⅲ) 有氧化作用，但酸性条件下氧化速率缓慢。通过施加能量或催化剂（光、热、过渡金属等），可促使 PMS 中的 O—O 断裂，产生具有更高氧化还原电位的 $SO_4^-·$（$E_0 = 2.6 \sim 3.1V$）和 $·OH$（$E_0 = 2.8V$）。具体活化过程如下：

$$HSO_5^- \xrightarrow{加热} SO_4^-·$$

$$HSO_5^- \xrightarrow{h\nu} SO_4^-·$$

$$M^{n+} + HSO_5^- \longrightarrow M^{(n+1)+} + SO_4^-· + OH^-$$

$$M^{n+} + HSO_5^- \longrightarrow M^{(n+1)+} + SO_4^{2-} + ·OH$$

$$M^{(n+1)+} + HSO_5^- \longrightarrow M^{n+} + SO_5^-· + H^+$$

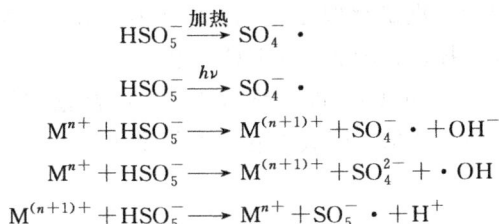

本实验采用钼蓝分光光度法测定水中砷浓度。基本原理是 As(Ⅴ) 与钼酸铵反应生成砷钼酸配合物。在还原剂的作用下，该配合物被还原，形成钼蓝，通过紫外可见分光光度计测定其吸光度，反应液的色度与 As(Ⅴ) 浓度成正比。而 As(Ⅲ) 在同样条件下不显色，在酸性条件下经高锰酸钾氧化成 As(Ⅴ) 后方可显色。

三、仪器与试剂

（一）仪器

（1）紫外可见分光光度计。

（2）电子分析天平。

（3）磁力搅拌器。

（4）水浴锅。

（5）容量瓶：100mL、1000mL。

（6）烧杯：250mL。

（7）量筒：100mL。

（8）具塞比色管：10mL。

（9）一次性塑料滴管。

（10）一次性注射器：5mL。

（11）一次性针式过滤器：0.45μm。

（二）试剂

（1）锰改性氮化碳（$Mn/g-C_3N_4$，参考实验4）。

（2）过硫酸氢钾溶液（PMS，10g/L）：准确称取 1.0000g 过硫酸氢钾溶于水，移至 100mL 容量瓶中，用水定容至标线，摇匀，现配现用。

（3）亚砷酸钠溶液 [As(Ⅲ)，5mg/L]：准确称取 0.0087g 亚砷酸钠（$NaAsO_2$）溶于水中，移至 1L 容量瓶中，用水定容至标线，摇匀，配成 5mg/L As(Ⅲ) 溶液。

（4）砷酸钠溶液 [As(Ⅴ)，100mg/L]：准确称取 0.0277g 砷酸钠（Na_3AsO_4）溶于水中，移至 100mL 容量瓶中，用水定容至标线，摇匀，配成 100mg/L As(Ⅴ) 溶液。

（5）钼酸铵溶液（5g/L）：准确称取 0.5000g 钼酸铵溶于水中，移至 100mL 容量瓶中，用水定容至标线，摇匀，配成 5g/L 钼酸铵溶液。

（6）硫酸溶液（25%）：准确移取 13.86mL 浓硫酸（98%）溶于水中，移至 100mL 容量瓶中，用水定容至标线，摇匀，配成 25% 硫酸溶液。

（7）抗坏血酸溶液（50g/L）：准确称取 5.0000g 抗坏血酸溶于水中，移至 100mL 容量瓶中，用水定容至标线，摇匀，配成 50g/L 抗坏血酸溶液。

（8）酒石酸锑钾溶液（2.5g/L）：准确称取 0.2500g 酒石酸锑钾溶于水中，移至 100mL 容量瓶中，用水定容至标线，摇匀，配成 2.5g/L 酒石酸锑钾溶液。

（9）HCl 溶液（2%）：准确移取 4.55mL 浓盐酸（37%）溶于水中，移至 100mL 容量瓶中，用水定容至标线，摇匀，配成 2% HCl 溶液。

（10）高锰酸钾溶液（15g/L）：准确称取 1.5000g 高锰酸钾溶于水中，移至 100mL 容量瓶中，用水定容至标线，摇匀，配成 15g/L 高锰酸钾溶液。

（11）甲醇。

（12）去离子水。

四、实验步骤

（一）水中 As(V) 的测定

As(V) 标准系列溶液的配制：分别准确移取 100mg/L 砷酸钠溶液 0.00mL、1.00mL、2.00mL、3.00mL、4.00mL、5.00mL 置于 100mL 容量瓶中，用水定容至标线，摇匀。此标准系列 As(V) 浓度分别为 0.0mg/L、1.0mg/L、2.0mg/L、3.0mg/L、4.0mg/L、5.0mg/L。

显色剂的配制：将 5g/L 钼酸铵溶液、50g/L 抗坏血酸溶液、2.5g/L 酒石酸锑钾溶液、25% 硫酸溶液以体积比 2∶2∶1∶5 的比例进行混合，于常温下可保存 24h。

As(V) 标准系列溶液的测定：向 10mL 比色管中分别加入 3mL 含砷溶液、1mL 2% 的 HCl 和 1mL 显色剂，用水定容至标线，摇匀。常温下反应 1h，利用紫外可见分光光度计依次测定 As(V) 标准系列溶液在 840nm 处的吸光度，并进行记录。

（二）水中总砷 [As(T)] 的测定

向 10mL 比色管中分别加入 3mL 含砷溶液、1mL 2% 的 HCl、1mL 显色剂和 1mL 15g/L 高锰酸钾溶液，用水定容至标线，摇匀。沸水浴中反应 1h，利用紫外可见分光光度计测定其在 840nm 处的吸光度，并进行记录。

（三）水中 As(Ⅲ) 的氧化作用

分别用量筒移取 100mL 5mg/L As(Ⅲ) 溶液置于 5 组烧杯（#1、#2、#3、#4、#5）中，磁力搅拌条件下，分别加入 0mg、10mg、30mg、50mg、70mg Mn/g-C_3N_4 催化剂，然后各加入 2mL 的 10g/L 过硫酸氢钾溶液，以开启催化反应。每隔 10min 取样一次，取样量 6mL，立刻通过 0.45μm 滤膜过滤（以达到固体催化剂与液体完全分离的目的），并用 500μL 甲醇进行淬灭（淬灭残余的 PMS，终止催化反应），反应时间为 60min。依次测定不同取样点的 As(T) 和 As(V) 浓度，并计算 As(Ⅲ) 浓度。

五、数据处理

将 Mn/g-C_3N_4 催化剂活化过一硫酸盐氧化水中砷的数据填至表 21-1 中。

表 21-1 氮化碳基催化剂对水中 As(Ⅲ) 的氧化性能

取样次数		1	2	3	4	5	6	7
取样时间		原液	10min	20min	30min	40min	50min	60min
0mg Mn/g-C_3N_4	As(T)							
	As(Ⅴ)							
	As(Ⅲ)							
10mg Mn/g-C_3N_4	As(T)							
	As(Ⅴ)							
	As(Ⅲ)							
30mg Mn/g-C_3N_4	As(T)							
	As(Ⅴ)							
	As(Ⅲ)							
50mg Mn/g-C_3N_4	As(T)							
	As(Ⅴ)							
	As(Ⅲ)							
70mg Mn/g-C_3N_4	As(T)							
	As(Ⅴ)							
	As(Ⅲ)							

六、思考题

（1）简述除钼蓝分光光度法外，水中砷含量的其他测定方法及其特点。

（2）简要分析 Mn/g-C_3N_4 催化剂活化过一硫酸盐氧化水中 As(Ⅲ) 的效能。

实验 22 改性生物炭材料对土壤中砷的钝化作用

砷是一种有毒的类金属元素。自然界中含砷的矿物多达两百余种，主要包含砷酸盐、亚砷酸盐、砷化物等，含砷矿物在自然风化过程中会将砷元素释放到环境中，经过一系列迁移转化过程，最终进入土壤中。而人为来源是土壤砷污染的主要因素，主要体现在农业和工业两个方面，如长期使用含砷杀虫剂和除草剂、采矿冶炼行业产生的含砷"三废"等。

土壤中的重金属不能直接被微生物分解或降解，一般通过与土壤中某些物质结合，包括土壤胶体、黏土矿物等，从而达到相对稳定的状态，大大增加其直接去除的难度。长此以往，伴随着食物链传递、富集作用产生的放大效应，最终的毒害作用将会影响生态平衡和人类健康。此外，土壤本身就是成分复杂的混合物，进入土壤中重金属的赋存形态、价态及毒性也存在显著差异，大多数的重金属能与土壤中的物质进行各种氧化还原和物理化学反应，这些过程导致土壤理化性质的改变，重金属的毒性和稳定性也随之发生改变。

研究证明，生物炭是一种修复成本低的环境友好型材料，具有孔隙度大、负电荷密度高、含氧官能团丰富等特点。生物炭对污染物的吸附能力相比其生物质原材料大大增强，能够高效地吸附固定多种有毒污染物，真正做到了"以废治废"。

一、实验目的

(1) 了解土壤中砷污染的危害。

(2) 了解土壤中砷钝化作用的基本原理。

二、实验原理

原位化学钝化法是目前常用的降低土壤中重金属污染的方法之一，即将化学钝化材料加入污染土壤中，通过将活性的、可移动的污染物转化为稳定状态，或者强吸附到土壤、钝化材料上来固定土壤中污染物。钝化修复可快速降低污染物在土壤中的迁移活性，从而阻止其向植物、微生物和水体迁移。对于重金属污染，化学钝化可通过添加绿色安全的钝化材料直接吸附重金属，或改变环境体系的理化性质，使重金属的可利用性降低到安全阈值以下。本实验以铁改性园林废弃物生物炭为钝化剂，探究其对砷污染土壤的钝化修复效果。

三、仪器与试剂

(一) 仪器

(1) 紫外可见分光光度计。

(2) 水浴恒温振荡器。

(3) 光照培养箱。

(4) 电子分析天平。

(5) 锥形瓶：50mL。

(6) 具塞比色管：50mL。

(7) 容量瓶：500mL。

(8) 土壤筛：20目、100目。

(9) 塑料花盆。

(10) 滤膜：0.45μm。

(11) 一次性塑料滴管。

(二) 试剂

(1) 铁改性园林废弃物生物炭 (Fe-BC，参考实验3)。

(2) 0.5mol/L磷酸二氢钠浸提液：准确称取30.0000g磷酸二氢钠，用水溶解后，移至500mL容量瓶中，用水稀释至标线，摇匀，置于冷藏避光处保存。

(3) 砷酸氢二钠。

(4) 土壤样品 (总砷本底值约为10mg/kg)。

(5) (1+1)王水：将王水 (硝酸：盐酸=1:3) 缓慢加入同等体积的水中，混合均匀。

(6) 去离子水。

四、实验步骤

(1) 土壤培养实验保持培养温度在20~30℃，湿度维持在40%。向土壤中均匀添加砷酸氢二钠以得到人工模拟砷污染土壤，砷添加浓度为200mg/kg，搅拌均匀后老化培养一个月，储存备用。

(2) 向人工模拟砷污染土壤均匀喷洒适量去离子水，平衡处理两周后，进行取样，检测土壤中初始有效态砷和总砷。

（3）初始样品采集后，向 0.15kg 人工模拟土壤中添加改性园林废弃物生物炭。以不添加任何钝化材料的土壤作为对照组（CK），钝化材料设置三个投加量，分别是 0.2%、0.5% 和 1%，每个处理设置三组重复，共 12 组。充分搅拌混合均匀后，装入实验用塑料花盆中，浇灌适量去离子水，分别于培养的 7d、14d 和 21d 采取土样进行土壤有效态砷和总砷的测定。土壤样品风干后粉碎，过 20 目土壤筛用于土壤中有效态砷的测定，再取出部分土样继续研磨过 100 目筛用于土壤中总砷的测定。

（4）土壤中有效态砷的测定：参照《农产品产地土壤重金属污染程度的分级》（DB35/T 859—2016），称取 2g 处理好的土壤样品于 50mL 锥形瓶，加入 30mL 0.5mol/L 磷酸二氢钠浸提液，瓶塞塞紧后在 25℃、200r/min 条件下振荡 2h，取一定量上清液过 0.45μm 滤膜后待测。测试方法参照实验 21 的钼蓝显色法。

（5）土壤中总砷的测定：土样消解方法参照《土壤质量　总汞、总砷、总铅的测定　原子荧光法　第 2 部分：土壤中总砷的测定》（GB/T 22105.2—2008），称取 0.2g 处理好的土壤样品于 50mL 比色管中，加入少量去离子水进行湿润，然后加入 10mL（1＋1）王水，密封后摇匀放置于沸水浴中消解 2h，其间注意摇动数次，冷却后加水定容至 50mL，摇匀后静置，取一定量上清液过 0.45μm 滤膜后待测。测试方法参照实验 21 的钼蓝显色法。

五、数据处理

通过对比不同材料投加量条件下砷污染土壤中有效态砷和总砷浓度，判断改性园林废弃物生物炭对砷的钝化性能（表 22-1）。

表 22-1　改性园林废弃物生物炭对砷的钝化性能

分组		CK			0.2%			0.5%			1%		
		1	2	3	1	2	3	1	2	3	1	2	3
有效态砷	0d												
	7d												
	14d												
	21d												
总砷	0d												
	7d												
	14d												
	21d												

六、思考题

（1）何为"有效态砷"？为什么用有效态砷的浓度来表示钝化性能？

（2）根据测定结果，评价改性园林废弃物生物炭对土壤中砷的钝化效果。

第六章
环境催化材料在有机污染物去除方面的应用

实验 23　水中典型药品与个人护理品的检测与分析

药品与个人护理品（pharmaceutical and personal care products，PPCPs）主要包括人类用药、兽药和其他化学消费品，以及药物及护理品生产和加工过程中使用的添加剂和惰性成分[15]。人口密集城市附近的水体及相应沉积物中发现并检测出多达 112 种 PPCPs，大部分浓度在 ng/L 或 ng/g 级别。其中，磺胺甲噁唑（sulfamethoxazole，SMX）是常用的一类广谱抗菌药物，主要用于治疗敏感菌所导致的疾病，比如泌尿道感染和呼吸系统感染。由于其对多种病原菌都具有一定的抗菌作用，生产生活中对磺胺甲噁唑的需求量逐日上升，随之而来的是其在环境中的残留问题日渐突出，残留的磺胺甲噁唑对人类健康和生态环境构成了极大的威胁，因此将其有效去除成为当前的研究热点之一。

由于高效液相色谱仪的检出限较高，难以准确检测出环境中残留的痕量有机污染物浓度，因此需通过固相萃取装置对水样中的磺胺甲噁唑进行浓缩处理，再通过高效液相色谱仪进行定量分析，从而计算出水样中磺胺甲噁唑的实际浓度。

一、实验目的

（1）了解 PPCPs 的定义、种类和危害。

（2）学习水样中痕量磺胺甲噁唑的检测分析方法。

二、实验原理

固相萃取（solid phase extraction，SPE）是从 20 世纪 80 年代中期开始发展起来的一项样品前处理技术，基于选择性吸附与选择性洗脱的液相色谱法分离原理，是一个包括液相和固相的物理萃取过程。较常用的方法是使液体样品溶液通过吸附剂，保留其中被测物质，再选用适当强度溶剂冲去杂质，然后用少量溶剂迅速洗脱被测物质，从而达到快速分离、净化与浓缩的目的。SPE 技术具有操作简单、重现性好、有机溶剂使用量少、富集倍数高、固相萃取填料种类丰富等诸多优势。

色谱法的基本分离原理是，溶于流动相中的各组分经过固定相时，由于与固定相发生作用的大小、强弱不同，在固定相中滞留时间不同，从而先后从固定相中流出。高效液相色谱（high performance liquid chromatography，HPLC）以经典的液相色谱为基础，以液体为流动相，采用高压输液系统，将具有不同极性的单一溶剂或不同比例的混合溶剂、缓冲液等流动相泵入装有颗粒极细的高效固定相的色谱柱，在柱内各成分被分离后，进入检测器进行检测，从而实现对试样的分析。HPLC 技术具有分离效能高、分析速度快、检测灵敏度好等特点，广泛应用于化学、医学、工业、农学、商检和法检等领域中。

三、仪器与试剂

（一）仪器

（1）固相萃取装置。固相萃取装置一般由萃取柱、进样器、真空泵、控制器等组成，其示意图见图 23-1。

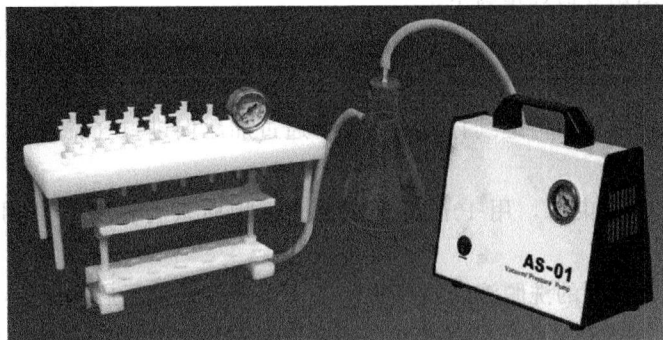

图 23-1 固相萃取装置示意图

（2）高效液相色谱仪。

（3）电子分析天平。

（4）容量瓶：100mL。

（5）烧杯：250mL。

（6）移液管：0.5mL、10mL。

（7）一次性塑料滴管。

（二）试剂

（1）磺胺甲噁唑，其结构式见图 23-2。

（2）0.1％醋酸：准确移取 0.10mL 醋酸于 100mL 容量瓶中，用水定容至标线，摇匀。

（3）甲醇：色谱纯。

（4）乙腈：色谱纯。

（5）去离子水。

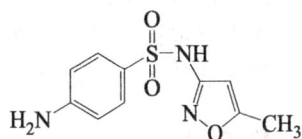

图 23-2 磺胺甲噁唑的结构式

四、实验步骤

（一）SMX 标准储备液的制备

准确称取 0.0100g SMX 溶于水中，移至 100mL 容量瓶中，用水定容至标线，摇匀，配成 100mg/L SMX 标准储备液。

（二）标准系列溶液的配制

分别准确移取 100mg/L SMX 标准储备液 0.00mL、1.00mL、2.50mL、5.00mL、7.50mL、10.00mL 置于 100mL 容量瓶中，用水定容至标线，摇匀。此标准系列 SMX 浓度分别为 0.0mg/L、1.0mg/L、2.5mg/L、5.0mg/L、7.5mg/L、10.0mg/L。

（三）固相萃取浓缩水样

（1）样品的准备：采样后，放置 15min，经 0.45μm 滤膜过滤后，以待测试。

（2）活化：将 SPE 萃取柱安装在固相萃取装置上，将 3mL 甲醇和 3mL 去离子水分别注入 SPE 萃取柱内，经过重力作用或加压、抽真空等方式使其以 1mL/min 的速度通过填料，达到活化 SPE 萃取柱的目的。

（3）进样：将 1000mL 水样缓慢加入活化后的 SPE 萃取柱，利用重力作用或抽真空的方式使样品连续通过萃取柱，控制流速为 1mL/min，始终保持柱床上至少有 1cm 高水样，上样速度应保持稳定，不宜过快或过慢，并且尽量避免让空气通过柱床。此时，水样中的目标萃取物被吸附在固相萃取柱填料上。

（4）淋洗：进样结束后，迅速加入 10mL 去离子水进行淋洗，流速同上，此步骤目的在于尽可能去除基体中的干扰组分。

（5）干燥：淋洗结束后，继续打开真空泵，通过加压促进空气流动，以去除填料中残留的水分，保持 2h。

（6）洗脱：干燥结束后，用 10mL 甲醇对目标物质进行洗脱，并用玻璃试管收集洗脱液。

（7）干燥：将收集到的洗脱液通过氮吹仪进行干燥处理。开启氮吹仪，将样品槽温度设置为 45℃；将试管放置在氮吹仪样品槽中，调整气针高度，使其保持在液面上方 0.5cm 处，控制氮气流量，避免洗脱液溅出，保持 2h；氮吹过程中，注意根据液面高度调整气针位置，同时要注意通风橱内空气的污染程度、氮气纯度、样品运输过程等环境条件。试管内洗脱液被吹干后，关闭氮吹仪和氮气阀门。

（8）复溶：向试管中加入 1mL 甲醇，充分振荡使目标物质复溶至甲醇中，经 $0.22\mu m$ 有机滤膜过滤后，注入液相进样瓶中，以待测试。

（四）HPLC 测定 SMX 的浓度

HPLC 参数设置：色谱柱为 C_{18} （250mm×4.6mm，$5\mu m$）；检测器的波长设置为 270nm；流动相为 0.1% 醋酸和乙腈（60：40，体积比），使用前经 $0.45\mu m$ 滤膜过滤并超声脱气；进样量为 $20\mu L$；流速为 1.0mL/min，柱温 30℃。

依次测定标准系列溶液中 SMX 浓度，读取保留时间和峰面积 Y_1。

相同条件下，测定经固相萃取浓缩后的水样中 SMX 浓度，读取保留时间和峰面积 Y_2。

五、数据处理

以已知的标准溶液浓度 X （mg/L）和测定的标准溶液峰面积 Y_1 （表 23-1）绘制标准曲线，并拟合得到回归系数 R^2 以及回归方程 $y=ax\pm b$。

表 23-1　标准系列 SMX 溶液对应的峰面积 Y_1

编号	1	2	3	4	5	6
SMX 浓度/(mg/L)	0.0	1.0	2.5	5.0	7.5	10.0
峰面积 Y_1/(mAU·s)						

注：$R^2>0.999$ 表明拟合程度较好，$R^2<0.999$ 不可进行样品分析，须重制标线。

根据水样的峰面积 Y_2，计算得到水样中 SMX 的浓度。

六、思考题

（1）固相萃取过程中水样的流速是否会影响目标污染物浓度的测定？如何确定最佳

流速？

（2）如何判断固相萃取过程中目标污染物的回收率？

实验 24　水中典型内分泌干扰物的检测与分析

随着各类化学品的大规模生产和使用，新污染物在环境中被频繁检出，由于其持久性和生物累积性，严重威胁生态环境安全和人体健康。其中，内分泌干扰物（endocrine disrupting chemicals，EDCs）是环境中最常检出的新污染物之一，可以以非常低的剂量激活特定激素的合成、储存、释放、代谢和转运，从而对生物体的生殖、神经和免疫系统产生不利影响。硝基苯类化合物作为一类人工合成的环境激素类难降解有机污染物，具有化学性质稳定、可生化性差和毒性高等特点，被广泛应用于农药、染料、炸药、橡胶等化工产品的生产。长期接触硝基苯类化合物会对人体免疫系统、生殖系统和神经系统等造成严重损害，因此准确评估环境中硝基苯类化合物的暴露水平具有一定的现实意义。

本实验采用液液萃取-气相色谱法测定水体中硝基苯的浓度。

一、实验目的

（1）了解 EDCs 的来源及主要危害。

（2）学习水样中硝基苯的检测分析方法。

二、实验原理

液液萃取的工作原理是，利用化合物在两种互不相溶（或微溶）的溶剂中溶解度或分配系数的不同，使化合物从一种溶剂内转移到另外一种溶剂中。经过反复多次萃取，将绝大部分的化合物提取出来。本实验采用一定量的甲苯萃取水中的硝基苯类化合物，萃取液经脱水、净化后进行色谱分析。

色谱法是利用物质溶解性和吸附性等特性的物理化学分离方法，分离原理是根据混合物中各组分在流动相和固定相之间作用的差异。以气体作为流动相的色谱法称为气相色谱法（gas chromatography，GC），气相色谱是机械化程度很高的色谱方法，广泛应用于小分子量复杂组分物质的定量分析。

三、仪器与试剂

（一）仪器

（1）气相色谱仪。气相色谱仪主要由气路系统、进样系统、分离系统、检测系统、记录系统组成（图 24-1）。

（2）电子分析天平。

（3）干燥柱：柱长 200mm，内径 6～10mm，底部装有玻璃棉，使用前先用 10mL 甲苯进行淋洗以净化干燥柱，再加入 2g 无水硫酸钠。

（4）容量瓶：25mL、100mL。

（5）移液管：1mL、2mL。

（6）量筒：250mL。

（7）分液漏斗：500mL。

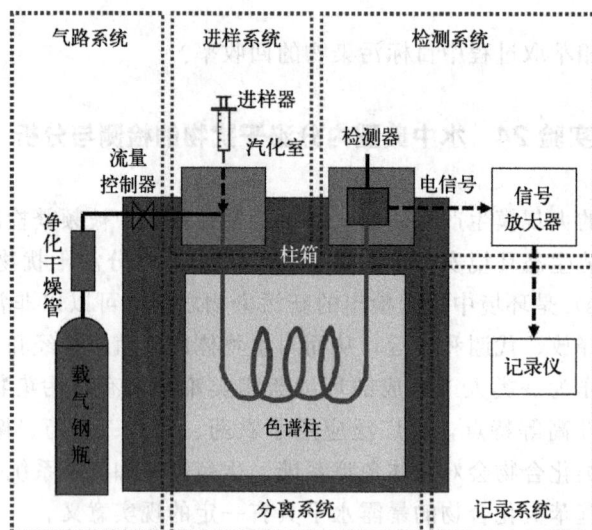

图 24-1 气相色谱仪结构简图

（8）一次性塑料滴管。

（二）试剂

（1）硝基苯，结构式见图 24-2。

图 24-2 硝基苯的结构式

（2）甲苯：色谱纯。

（3）正己烷：色谱纯。

（4）无水硫酸钠：于 450℃烘箱中干燥 4h，置于干燥器中冷却至室温，装入瓶中，于干燥器中保存。

（5）去离子水。

四、实验步骤

（一）硝基苯标准储备液的配制

准确称取 0.2500g 硝基苯，置于 25mL 棕色容量瓶中，用少量甲苯助溶，再加正己烷至标线，摇匀，配成 10g/L 硝基苯标准储备液。于 4℃以下冷藏可保存一年。

（二）硝基苯标准使用液的配制

准确移取 10g/L 硝基苯标准储备液 2.0mL，置于 100mL 棕色容量瓶中，用正己烷定容至标线，摇匀，配成 200mg/L 硝基苯标准使用液。于 4℃以下冷藏可保存半年。

（三）硝基苯标准系列溶液的配制

分别准确移取 200mg/L 硝基苯标准使用液 0.0μL、25.0μL、50.0μL、100.0μL、250.0μL、500.0μL 置于 100mL 容量瓶中，用甲苯定容至标线，摇匀。此标准系列硝基苯浓度分别为 0μg/L、50μg/L、100μg/L、200μg/L、500μg/L、1000μg/L。

（四）液液萃取浓缩水样

（1）样品的准备：采样后，放置 15min，经 0.45μm 滤膜过滤后，以待测试。

（2）萃取过程：准确量取 200mL 水样，置于分液漏斗中，加入 10mL 甲苯，摇动萃取 5min，静置 10min，两相分层，弃去水相，将萃取液通过无水硫酸钠干燥柱，收集萃取液，用甲苯定容至 20mL，以待测试。若萃取过程中出现乳化现象，可采用盐析、搅动、离心、冷冻或用玻璃棉过滤等方法进行破乳。

（3）空白试样的制备：取 200mL 去离子水，按照上述步骤进行萃取，得到空白试样。

（五）气相色谱仪测定硝基苯的浓度

气相色谱仪参数设置如下。色谱柱温度：60℃保持 1min，以 10℃/min 的速度升温到 200℃，保持 1min，以 15℃/min 的速度升温到 250℃，保持 5min；气化室温度：250℃；检测器温度：300℃；载气流速：1mL/min；尾吹气流量：60mL/min；进样方式：分流/不分流进样；进样量：1μL。

用微量注射器移取 1μL 硝基苯标准溶液注入气相色谱仪中，记录色谱峰的保留时间和峰面积 Y_1。

相同条件下，测定经液液萃取浓缩后的水样中硝基苯浓度，读取保留时间和峰面积 Y_2。

五、数据处理

（1）以已知的标准溶液浓度 X（μg/L）和测定的标准溶液峰面积 Y_1 绘制标准曲线（表 24-1），并拟合得到回归系数 R^2 以及回归方程 $y = ax \pm b$。

表 24-1　标准系列硝基苯溶液对应的峰面积 Y_1

编号	1	2	3	4	5	6
硝基苯浓度/(μg/L)	0	50	100	200	500	1000
峰面积 Y_1/(μV·s)						

注：$R^2 > 0.999$ 表明拟合程度较好，$R^2 < 0.999$ 不可进行样品分析，须重制标线。

（2）根据水样的峰面积 Y_2，计算得到水样中硝基苯的浓度：

$$\rho = \frac{\rho_{标} V_1}{V}$$

式中　ρ——水样中硝基苯的浓度，μg/L；

　　　$\rho_{标}$——由标准曲线计算出的硝基苯浓度，μg/L；

　　　V_1——萃取液的定容体积，mL；

　　　V——水样体积，mL。

六、注意事项

（1）当样品中硝基苯含量小于 1μg/L 时，结果保留到小数点后两位，当样品中硝基苯含量大于等于 1μg/L 时，结果保留三位有效数字。

（2）硝基苯类化合物具有一定的毒性，应尽量减少与其直接接触，操作时应按照规定要求佩戴防护器具，并在通风橱中进行标准溶液的配制。

（3）对实验过程中产生的废液应进行收集并送交有相关资质的部门处理，防止对人员及环境造成危害。

七、思考题

（1）液液萃取所用有机溶剂的选择依据是什么？

（2）在色谱分析中，经常出现色谱峰不对称的现象，试分析原因。

实验 25　水中典型持久性有机污染物的检测与分析

持久性有机污染物（persistent organic pollutants，POPs）是一类重要的新污染物，具有环境持久性、生物蓄积性以及远距离环境迁移潜力，并对人体健康和生态环境产生不利影响。目前 POPs 主要有三种来源类型：有机氯杀虫剂、工业化学品、工业和热生产工序中的副产物。为保护人类健康和维持生态平衡，全球 127 个国家和地区的代表于 2001 年 5 月 22 日在瑞典首都斯德哥尔摩通过了《关于持久性有机污染物的斯德哥尔摩公约》，我国是该公约首批签约国之一。

现阶段国内外广泛采用的城市生活垃圾处理方式有卫生填埋、堆肥和焚烧等。其中焚烧过程中会产生大量二次污染物，主要包括炉渣和飞灰等固体污染物、污水以及气态污染物（重金属、挥发性有机物、多环芳烃、二噁英）等。在这些污染物中，二噁英类物质备受关注，具有强烈的致癌、致畸、致突变特点，已成为制约垃圾焚烧技术在我国发展的关键性问题之一。

二噁英是多种结构和理化性质相似的三环平面芳香化合物的总称，包括多氯代二苯并对二噁英（polychlorinated dibenzo-p-dioxins，PCDDs）和多氯代二苯并呋喃（polychlorinated dibenzofurans，PCDFs）两类有机化合物，两者均包含两个苯环，PCDDs 的两个苯环之间以两个氧原子桥接，而 PCDFs 的两个苯环之间只有一个氧原子桥接。PCDDs 和 PCDFs 的苯环上都存在多个氯原子取代位置，根据氯原子取代数量以及取代位置的不同，可将二噁英分为 210 种同系物，包含 75 种 PCDDs 同系物和 135 种 PCDFs 同系物。其中，在 2,3,7,8 四个共平面位置有 17 种氯原子取代的二噁英是有毒的，以 2,3,7,8-四氯代二苯并对二噁英（2,3,7,8-T_4CDD）的毒性最强。

本实验以《水质　二噁英类的测定　同位素稀释高分辨气相色谱-高分辨质谱法》（HJ 77.1—2008）为操作依据，使用高分辨气相色谱-高分辨质谱法（HRGC-HRMS）对 2,3,7,8-T_4CDD 进行定性和定量分析。

一、实验目的

（1）了解二噁英的来源和危害。

（2）学习水样中 2,3,7,8-T_4CDD 的检测分析方法。

二、实验原理

本实验采用同位素稀释高分辨气相色谱-高分辨质谱法测定水样中的二噁英类污染物，规定了水样中二噁英类污染物样品采集、样品处理及仪器分析等过程的标准操作程序以及整个分析过程的质量管理措施。采集样品后在水质样品中加入提取内标，利用玻璃纤维滤膜和固相萃取圆盘对水质样品中的二噁英类污染物进行过滤与萃取，分别对玻璃纤维滤膜和固相萃取圆盘进行提取处理得到样品提取液，再经过净化、分离以及浓缩定容转化为最终分析样品，加入进样内标后使用高分辨气相色谱-高分辨质谱法进行定性和定量分析。

三、仪器与试剂

（一）仪器

（1）固相萃取装置（solid phase extraction，SPE），见图 25-1。

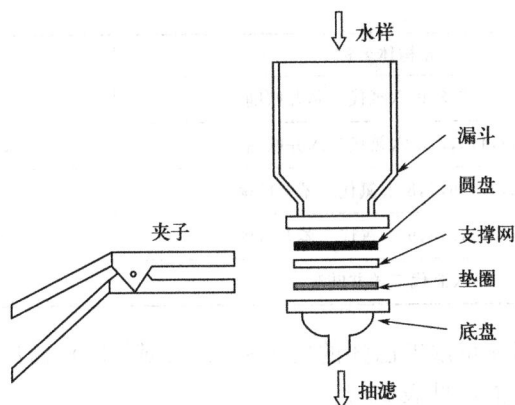

图 25-1　固相萃取装置萃取部分示意图

(2) 高分辨气相色谱（high-resolution gas chromatography，HRGC）。

(3) 高分辨质谱仪（high-resolution mass spectrometer，HRMS）。

(4) 玻璃纤维滤膜：孔径约 $0.45\mu m$。

(5) 真空泵。

(6) 容量瓶：100mL。

(7) 移液管：50mL。

(8) 一次性塑料滴管。

（二）试剂

(1) 2,3,7,8-氯代二噁英类，指所有 2,3,7,8-位置被氯原子取代的二噁英类同类物。包括 7 种四氯～八氯代二苯并对二噁英以及 10 种四氯～八氯代二苯并呋喃，共有 17 种，见表 25-1。本实验以 2,3,7,8-四氯代二苯并对二噁英（2,3,7,8-T_4CDD）为例进行研究，标准溶液浓度为 $500\mu g/L$。

表 25-1　2,3,7,8-氯代二噁英类

序号	异构体名称	简称
1	2,3,7,8-四氯代二苯并对二噁英	2,3,7,8-T_4CDD
2	1,2,3,7,8-五氯代二苯并对二噁英	1,2,3,7,8-P_5CDD
3	1,2,3,4,7,8-六氯代二苯并对二噁英	1,2,3,4,7,8-H_6CDD
4	1,2,3,6,7,8-六氯代二苯并对二噁英	1,2,3,6,7,8-H_6CDD
5	1,2,3,7,8,9-六氯代二苯并对二噁英	1,2,3,7,8,9-H_6CDD
6	1,2,3,4,6,7,8-七氯代二苯并对二噁英	1,2,3,4,6,7,8-H_7CDD
7	八氯代二苯并对二噁英	O_8CDD
8	2,3,7,8-四氯代二苯并呋喃	2,3,7,8-T_4CDF
9	1,2,3,7,8-五氯代二苯并呋喃	1,2,3,7,8-P_5CDF
10	2,3,4,7,8-五氯代二苯并呋喃	2,3,4,7,8-P_5CDF
11	1,2,3,4,7,8-六氯代二苯并呋喃	1,2,3,4,7,8-H_6CDF
12	1,2,3,6,7,8-六氯代二苯并呋喃	1,2,3,6,7,8-H_6CDF

序号	异构体名称	简称
13	1,2,3,7,8,9-六氯代二苯并呋喃	1,2,3,7,8,9-H_6CDF
14	2,3,4,6,7,8-六氯代二苯并呋喃	2,3,4,6,7,8-H_6CDF
15	1,2,3,4,6,7,8-七氯代二苯并呋喃	1,2,3,4,6,7,8-H_7CDF
16	1,2,3,4,7,8,9-七氯代二苯并呋喃	1,2,3,4,7,8,9-H_7CDF
17	八氯代二苯并呋喃	O_8CDF

（2）二噁英类内标指质量浓度已知的同位素（^{13}C 或 ^{37}Cl）标记的二噁英类标准物质壬烷（或癸烷、甲苯等）溶液，见表 25-2。

表 25-2　可供选用的二噁英类内标

氯原子取代数	PCDDs	PCDFs
四氯	$^{13}C_{12}$-1,2,3,4-T_4CDD	$^{13}C_{12}$-2,3,7,8-T_4CDF
	$^{13}C_{12}$-2,3,7,8-T_4CDD	$^{13}C_{12}$-1,2,7,8-T_4CDF
	$^{37}Cl_4$-2,3,7,8-T_4CDD	$^{13}C_{12}$-1,3,6,8-T_4CDF
五氯	$^{13}C_{12}$-1,2,3,7,8-P_5CDD	$^{13}C_{12}$-1,2,3,7,8-P_5CDF
		$^{13}C_{12}$-2,3,4,7,8-P_5CDF
六氯	$^{13}C_{12}$-1,2,3,4,7,8-H_6CDD	$^{13}C_{12}$-1,2,3,4,7,8-H_6CDF
	$^{13}C_{12}$-1,2,3,6,7,8-H_6CDD	$^{13}C_{12}$-1,2,3,6,7,8-H_6CDF
	$^{13}C_{12}$-1,2,3,7,8,9-H_6CDD	$^{13}C_{12}$-1,2,3,7,8,9-H_6CDF
		$^{13}C_{12}$-2,3,4,6,7,8-H_6CDF
七氯	$^{13}C_{12}$-1,2,3,4,6,7,8-H_7CDD	$^{13}C_{12}$-1,2,3,4,6,7,8-H_7CDF
		$^{13}C_{12}$-1,2,3,4,7,8,9-H_7CDF
八氯	$^{13}C_{12}$-1,2,3,4,6,7,8,9-O_8CDD	$^{13}C_{12}$-1,2,3,4,6,7,8,9-O_8CDF

（3）提取内标：一般选择 ^{13}C 标记或 ^{37}Cl 标记化合物作为提取内标，本实验以 $^{13}C_{12}$-2,3,7,8-T_4CDD 为 2,3,7,8-T_4CDD 的提取内标，每个样品添加量一般为 0.4ng，并且以不超过定量线性范围为宜。

（4）进样内标：一般选择 ^{13}C 标记或 ^{37}Cl 标记化合物作为进样内标，每个样品添加量为 0.4～2.0ng。

（5）壬烷或癸烷。

（6）丙酮。

（7）甲苯。

（8）甲醇。

（9）无水硫酸钠：分析纯以上，在 380℃温度下处理 4h，密封保存。

（10）去离子水。

四、实验步骤

（一）标准系列 2,3,7,8-T_4CDD 溶液

分别准确移取 500μg/L 2,3,7,8-T_4CDD 标准溶液 1.0mL、2.0mL、10.0mL、20.0mL、

40.0mL 置于 100mL 容量瓶中，用壬烷定容至标线，摇匀。此标准系列 $2,3,7,8$-T_4CDD 浓度分别为 $5.0\mu g/L$、$10.0\mu g/L$、$50.0\mu g/L$、$100.0\mu g/L$、$200.0\mu g/L$。

（二）固相萃取浓缩水样

（1）样品的过滤：采样后，放置 15min，以待测试。将添加了提取内标的样品用玻璃纤维滤膜过滤，分开过滤残留物与滤出液。过滤完毕后，将玻璃纤维滤膜放入干燥器中，使玻璃纤维滤膜以及滤膜上的过滤残留物充分干燥。

（2）将固相萃取圆盘放在底盘的支撑网上，放置固相萃取专用漏斗，用夹子固定好固相萃取装置。

（3）漏斗中加入约 10mL 的甲苯，开启抽滤泵抽去甲苯。抽去甲苯后，重新加入约 10mL 甲苯，浸润 5min，抽滤除去甲苯。

（4）漏斗中加入约 10mL 的丙酮，开启抽滤泵抽去丙酮。抽去丙酮后，重新加入约 10mL 丙酮，浸润 5min，抽滤除去丙酮。

（5）漏斗中加入约 10mL 甲醇，并使其浸润圆盘约 1min，抽去甲醇，使其降至离圆盘表层 $2\sim5$mm，关闭抽滤泵开关。其后保持固相萃取圆盘湿润，直至萃取操作结束。

（6）样品进行固相萃取之前，用约 10mL 水清洗漏斗及圆盘，并保持圆盘的湿润。

（7）将（1）过滤步骤中得到的水样滤出液注入固相萃取装置的漏斗中，进行吸附过滤，过水速率约为 100mL/min。

（8）漏斗中的样品过滤完之前，用少量水清洗样品容器，并将清洗液注入固相萃取漏斗中，漏斗的内壁也用少量纯净水清洗。

（9）经充分抽滤除去水分后，取下萃取用圆盘，放入干燥器中使其充分干燥。

（10）用甲苯清洗样品容器内壁，清洗液经无水硫酸钠脱水后，浓缩至 $1\sim2$mL。加入 300mL 甲苯，作为索氏提取步骤的提取溶剂。

（三）索氏提取水样

将干燥好的固相（圆盘等）与玻璃纤维滤膜一起放入索氏提取器中，与固相萃取步骤得到的提取溶剂一起进行索氏提取，索氏提取 16h 以上。

（四）高分辨气相色谱条件设定

（1）进样方式：不分流进样 $1\mu L$。

（2）进样口温度：270℃。

（3）载气流量：1.0mL/min。

（4）色谱-质谱接口温度：270℃。

（5）色谱柱：固定相 5% 苯基、95% 聚甲基硅氧烷，柱长 60mm，内径 0.25mm，膜厚 $0.25\mu m$。

（6）程序升温：初始温度 140℃，保持 1min 后以 20℃/min 的速度升温至 200℃，停留 1min 后以 5℃/min 的速度升温至 220℃，停留 16min 后以 5℃/min 的速度升温至 235℃，停留 7min 后以 5℃/min 的速度升温至 310℃，停留 10min。

（五）高分辨质谱条件设定

设置仪器满足如下条件，并使用标准溶液或标准参考物质确认保留时间窗口。

使用单离子监测（SIM）法选择各待测化合物的两个监测峰离子进行监测，如表 25-3 所示。

导入质量校准物质（PFK）得到稳定的响应后，优化质谱仪器参数使得表 25-3 中各质量数范围内 PFK 峰离子的分辨率大于 10000。

表 25-3 质量数设定（监测离子和锁定质量数）

同类物	M^+	$(M+2)^+$	$(M+4)^+$
T_4CDDs	319.8965	321.8936	
$^{13}C_{12}$-T_4CDDs	331.9368	333.9339	

五、数据处理

（一）相对响应因子计算

各质量浓度点待测化合物相对提取内标的相对响应因子（RRF_{es}）由下式计算，并计算其平均值和相对标准偏差，相对标准偏差应在 ±20% 以内，否则应重新制作校准曲线。

$$RRF_{es}=\frac{Q_{es}}{Q_s}\times\frac{A_s}{A_{es}}$$

式中　Q_{es}——标准溶液中提取内标物质的绝对量，pg；

　　　Q_s——标准溶液中待测化合物的绝对量，pg；

　　　A_s——标准溶液中待测化合物的监测离子峰面积之和；

　　　A_{es}——标准溶液中提取内标物质的监测离子峰面积之和。

提取内标相对于进样内标的相对响应因子 RRF_{rs} 由下式计算。

$$RRF_{rs}=\frac{Q_{rs}}{Q_{es}}\times\frac{A_{es}}{A_{rs}}$$

式中　RRF_{rs}——提取内标相对于进样内标的相对响应因子；

　　　Q_{rs}——标准溶液中进样内标物质的绝对量，pg；

　　　Q_{es}——标准溶液中提取内标物质的绝对量，pg；

　　　A_{es}——标准溶液中提取内标物质的监测离子峰面积之和；

　　　A_{rs}——标准溶液中进样内标物质的监测离子峰面积之和。

（二）色谱峰确认

进样内标的确认：分析样品中进样内标的峰面积应不低于标准溶液中进样内标峰面积的 70%，否则应查找原因，重新测定。

色谱峰确认：在色谱图上，将信噪比（S/N）大于 3 的色谱峰视为有效峰，并确认色谱峰的峰面积。

（三）定量分析

采用内标法计算分析样品中被检出的 2,3,7,8-氯代二噁英类物质的绝对量（Q）：

$$Q=\frac{A}{A_{es}}\times\frac{Q_{es}}{RRF_{es}}$$

式中　Q——分析样品中待测化合物的量，pg；

　　　A——色谱图上待测化合物的监测离子峰面积之和；

　　　A_{es}——提取内标的监测离子峰面积之和；

　　　Q_{es}——提取内标的添加量，pg；

　　　RRF_{es}——待测化合物相对于提取内标的相对响应因子。

(四）提取内标的回收率

根据提取内标峰面积与进样内标峰面积的比值以及对应的相对响应因子（RRF_{rs}）均值，按照下式计算提取内标的回收率，并确认提取内标的回收率在表 25-4 规定的范围之内。

$$R = \frac{A_{es}}{A_{rs}} \times \frac{Q_{rs}}{RRF_{rs}} \times \frac{100\%}{Q_{es}}$$

式中　　R——提取内标回收率，%；

A_{es}——提取内标的监测离子峰面积之和；

A_{rs}——进样内标的监测离子峰面积之和；

Q_{rs}——进样内标的添加量，pg；

RRF_{rs}——提取内标相对于进样内标的相对响应因子；

Q_{es}——提取内标的添加量，pg。

表 25-4　提取内标回收率

氯原子取代数	内标	范围	内标	范围
四氯	$^{13}C_{12}$-2,3,7,8-T_4CDD	25%～164%	$^{13}C_{12}$-2,3,7,8-T_4CDF	24%～169%

六、注意事项

（1）本实验中涉及的试剂及化合物具有一定健康风险，应尽量减少分析人员对这些化合物的暴露。

（2）分析人员应了解二噁英类污染物分析操作以及相关风险，并接受相关的专业培训。

（3）实验室应选用可直接使用的低质量浓度标准物质，减少或避免对高质量浓度标准物质的操作。

（4）实验室应配备手套、实验服、安全眼镜、面具、通风橱等保护器具。

（5）实验室应遵守各级管理部门的废物管理法律规定，避免废物排放对周边环境造成污染。

七、思考题

（1）从仪器构造、分离原理和应用范围等方面，对比分析 HPLC 和 HRGC 的异同点。

（2）高分辨气相色谱设置梯度升温的目的是什么？

实验 26　Zn-MOFs 材料对酸性红 66 的吸附性能

全球纺织工业、染色工业、造纸工业、制革和涂料工业、染料制造业等产业每年生产近10 万种染料，其中 10%～15% 的染料未被有效利用而排入水体中。目前，我国纺织行业化学需氧量（COD）排放量占全国总量的 14%，氨氮和总氮排放量占 10% 左右。由于其原料通常是苯、萘、蒽醌、苯胺及联苯胺类化合物，这些化合物或其代谢产物具有复杂的芳香分子结构，染料废水通常难以被生物降解。此外，染料废水还具有如下特点：①种类繁多；②有机物成分复杂且浓度高；③废水量大，色度高，且毒性大；④废水排放具间歇性和多变性，这都给废水处理设计和运行管理带来诸多困难。

目前，常用的废水处理技术主要有物理法、化学法和生物法。其中，吸附法的主要原理是利用活性炭、煤灰等吸附剂的多孔性、巨大的比表面积或化学键作用等，将吸附剂与待处理废水充分接触，使得水体中的色度、悬浮物、胶体及溶解性有机物被吸附去除，水质得到有效净化。吸附法具有工艺简单、易于操作、成本低、效果好，且不产生二次污染等特点，被广泛应用于水处理领域中。

纳米多孔材料由于具有显著的纳米尺度空间效应，在吸附以及膜分离领域中受到了极大的关注。作为无机多孔材料的延伸，金属有机框架（metal organic frameworks，MOFs）材料是一类由有机配体与金属中心经过自组装形成的具有可调节孔径的多孔材料，主要包括网状金属有机骨架系列（IRMOFs）、类沸石咪唑骨架系列（ZIFs）、莱瓦希尔骨架系列（MILs）等。MOFs 材料具有比表面积大、孔径大小和形状规则有序以及易功能化等特点，是目前配位化学和能源材料化学研究中最热门的领域之一，在气体储存、二氧化碳捕获、化学传感器、异相催化、电磁和生物医学等领域中有着广阔的应用前景。

一、实验目的

（1）了解吸附作用的基本原理。
（2）掌握紫外可见分光光度计的工作原理和使用方法。

二、实验原理

吸附往往是一种表面现象，与表面张力、表面能的变化有关。若某溶质能降低溶液的表面张力，产生正吸附；若某溶质能增加溶液的表面张力，产生负吸附，或称解吸，不仅表面不能吸附溶质，反而有排斥作用。MOFs 材料对水中污染物的吸附既有物理吸附现象，也有化学吸附作用。物理吸附是吸附质与吸附剂之间的分子引力产生的吸附，是放热反应，没有选择性，在低温下就能进行，也较易解吸。化学吸附是吸附质与吸附剂之间由于化学键发生了化学作用，化学性质改变的吸附。化学吸附的特征为吸附热大，相当于化学反应热，有选择性，化学键力较大时，吸附不可逆。

吸附过程的快慢取决于 MOFs 材料的表面官能团和染料的分子结构及大小。阳离子染料在 MOFs 材料表面的吸附可能通过静电、氢键、π-π 堆积、孔隙填充、疏水相互作用、阳离子-π 相互作用、阴离子-π 相互作用、离子交换等方式进行。对于阴离子染料而言，可能存在单一或多种上述机制。一般来说，吸附过程主要是通过带正电的 MOFs 材料和带负电的阴离子染料之间的静电相互作用发生的。

三、仪器与试剂

（一）仪器
（1）紫外可见分光光度计。
（2）水浴恒温振荡器。
（3）电子分析天平。
（4）离心机。
（5）容量瓶：100mL、1L。
（6）锥形瓶：100mL。

（7）移液管：50mL。

（8）一次性塑料滴管。

（二）试剂

（1）Zn-MOFs 材料（参考实验 7）。

（2）酸性红 66，结构式见图 26-1。

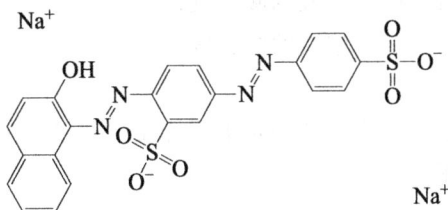

图 26-1　酸性红 66 的结构式

（3）去离子水。

四、实验步骤

（一）酸性红 66 标准储备液的制备

准确称取 0.1000g 酸性红 66 溶于水中，移至 1L 容量瓶中，用水定容至标线，摇匀，配成 100mg/L 酸性红 66 标准储备液。

（二）标准系列溶液的配制

分别准确移取 100mg/L 酸性红 66 标准储备液 0.0mL、5.0mL、10.0mL、20.0mL、25.0mL、30.0mL 置于 100mL 容量瓶中，用水定容至标线，摇匀。此标准系列酸性红 66 浓度分别为 0mg/L、5mg/L、10mg/L、20mg/L、25mg/L、30mg/L。

以去离子水为参比，于 510nm 波长处，按照浓度从小到大的顺序，分别测定各标准系列酸性红 66 溶液的吸光度并记录下来，绘制标准曲线。

（三）Zn-MOFs 材料对酸性红 66 的吸附效果

分别称量 50mg Zn-MOFs 材料于 6 个 100mL 锥形瓶中，再向每个锥形瓶中加入 100mL 20mg/L 的酸性红 66 标准溶液。于 25℃下分别恒温振荡 30min、60min、90min、120min、150min、180min，取 10mL 浑浊液进行离心分离，得到吸附平衡溶液，以待测试。

用紫外可见分光光度计依次测定各溶液中酸性红 66 的吸光度并记录下来。

（四）酸性红 66 浓度对吸附效果的影响

分别称量 50mg Zn-MOFs 材料于 5 个 100mL 锥形瓶中，再向每个锥形瓶中加入 100mL 5mg/L、10mg/L、20mg/L、25mg/L、30mg/L 的酸性红 66 溶液，于 25℃下恒温振荡 120min。分别取 10mL 浑浊液进行离心分离，取上清液，于 510nm 波长处测定其吸光度并记录下来。根据标准曲线，确定最佳初始浓度。

（五）反应温度对吸附效果的影响

分别称量 50mg Zn-MOFs 材料于 5 个 100mL 锥形瓶中，再向每个锥形瓶中加入 100mL 20mg/L 的酸性红 66 溶液，分别于 25℃、35℃、45℃、55℃、65℃下恒温振荡 120min。分别取 10mL 浑浊液进行离心分离，取上清液，于 510nm 波长处测定其吸光度并记录下来。根据标准曲线，确定最佳反应温度。

五、数据处理

（一）色度去除率

$$色度去除率 = \frac{A_{反应前} - A_{反应后}}{A_{反应前}} \times 100\%$$

式中　$A_{反应前}$——吸附前酸性红 66 溶液的吸光度；

　　　$A_{反应后}$——吸附后酸性红 66 溶液的吸光度。

（二）标准曲线的绘制

以已知的标准溶液浓度（mg/L）和测定的吸光度（表 26-1）绘制标准曲线，并拟合得到回归系数 R^2 以及回归方程 $y = ax \pm b$。

表 26-1　标准系列酸性红 66 溶液的吸光度

编号	1	2	3	4	5	6
酸性红 66 浓度/(mg/L)	0	5	10	20	25	30
吸光度						

注：$R^2 > 0.999$ 表明拟合程度较好，$R^2 < 0.999$ 不可进行样品分析，须重制标线。

（三）Zn-MOFs 材料对酸性红 66 的吸附效果

将吸附过程中不同时间点下酸性红 66 样品所测吸光度数据填至表 26-2，并根据（一）计算色度去除率，根据（二）中回归方程计算相应样品中酸性红 66 的平衡浓度。

表 26-2　不同时间点下 Zn-MOFs 材料对酸性红 66 的吸附效果

编号	1	2	3	4	5	6
时间/min	30	60	90	120	150	180
吸附前吸光度						
吸附前浓度/(mg/L)						
吸附后吸光度						
吸附后浓度/(mg/L)						
吸附剂质量/mg						
平衡吸附量/(mg/g)						
色度去除率/%						

（四）酸性红 66 浓度对吸附效果的影响

吸附平衡后，将不同酸性红 66 浓度下所测吸光度数据填至表 26-3，并根据（一）计算色度去除率，根据（二）中回归方程计算相应样品中酸性红 66 的平衡浓度。

表 26-3　不同初始浓度下 Zn-MOFs 材料对酸性红 66 的吸附效果

编号	1	2	3	4	5
初始浓度/(mg/L)	5	10	20	25	30
吸附前吸光度					
吸附后吸光度					

续表

编号	1	2	3	4	5
吸附后浓度/(mg/L)					
吸附剂质量/mg					
平衡吸附量/(mg/g)					
色度去除率/%					

（五）反应温度对吸附效果的影响

吸附平衡后，将不同反应温度下所测吸光度数据填至表 26-4，并根据（一）计算色度去除率，根据（二）中回归方程计算相应样品中酸性红 66 的平衡浓度。

表 26-4　不同反应温度下 Zn-MOFs 材料对酸性红 66 的吸附效果

编号	1	2	3	4	5
反应温度/℃	25	35	45	55	65
吸附前吸光度					
吸附前浓度/(mg/L)					
吸附后吸光度					
吸附后浓度/(mg/L)					
吸附剂质量/mg					
平衡吸附量/(mg/g)					
色度去除率/%					

六、思考题

（1）简要分析吸附剂的吸附容量与哪些影响因素有关。

（2）吸附过程中，平衡吸附时间是如何确定的？

实验 27　$\delta\text{-MnO}_2$ 活化过氧化氢技术催化氧化磺胺甲噁唑

自 1928 年青霉素问世以来，抗生素的发现对人类医药发展和改善健康具有重大的意义，但是随着人类医疗和畜牧养殖业的快速发展，抗生素的过度使用导致其母体和代谢产物进入环境中，所引发的生态安全问题引起了广泛的关注。据统计，从 2000 年到 2015 年，全球抗生素日消耗量涨幅高达 65%，而我国是全球抗生素生产量和使用量较大的国家之一，其中 2013 年的总使用量为 16.2 万吨[16]，残留抗生素通过土壤淋溶、沉积物渗流以及地表水-地下水交互作用最终进入地下水环境。我国地下水中抗生素浓度受区域、季节和地质条件等因素影响，检测浓度在 0~1000ng/L 之间。其中，磺胺甲噁唑（sulfamethoxazole，SMX）作为一种典型的广谱类抗生素药物，广泛地应用于医药、畜牧与水产养殖行业。调查研究显示，已经频繁地在污水厂、地表径流和地下水中检测出 SMX 残留，由于 SMX 的化学结构稳定和非生物降解性，难以被常规处理工艺有效去除，可以长时间存在于水体环境中，并通过食物链传播造成生物富集，最终对人体和动物的神经和生殖系统造成危害。

高级氧化技术（advanced oxidation processes，AOPs）是一类通过催化剂或其他活化方式，催化活化过氧化氢（H_2O_2）等氧化剂产生具有强氧化性的羟基自由基（·OH）等活性氧物种的化学水处理技术，能够将废水中难降解的有机污染物氧化为低毒或无毒的小分子物质，以增强废水的可生化性，被广泛应用于抗生素废水的处理。常用的 AOPs 技术包括芬顿（Fenton）法、类 Fenton 法、超临界水氧化、光催化氧化、超声氧化、臭氧氧化和过硫酸盐氧化等。

一、实验目的

（1）了解过氧化氢催化氧化技术。

（2）理解过氧化氢催化氧化技术降解有机污染物的机理。

二、实验原理

Fenton 法利用 H_2O_2 和 Fe^{2+} 之间的链反应催化生成具有强氧化性的·OH，能氧化各种有毒和难降解的有机污染物，以达到水质净化的目的。Fenton 法具有反应条件温和、操作简单、适用性强等优点，既可以作为工业废水分离处理技术，也可以与其他方法联用（如混凝沉淀法、吸附法、生物处理法等），对难降解有机废水进行预处理或深度处理。类 Fenton 技术在 Fenton 原理的基础上，结合光照、超声、电和臭氧等其他技术条件，使其产生协同效应以提高对有机污染物的降解效果。研究表明，改良后的 Fenton 技术能够克服传统 Fenton 催化剂难以分离、铁离子生成大量铁泥、pH 适应范围窄等缺点，特别是将多相催化材料引入 Fenton 反应体系来处理有机废水的技术备受研究者关注。

三、仪器与试剂

（一）仪器

（1）高效液相色谱仪。

（2）磁力搅拌器。

（3）电子分析天平。

（4）容量瓶：1L。

（5）烧杯：250mL。

（6）量筒：100mL。

（7）一次性塑料滴管。

（8）一次性注射器：5mL。

（9）一次性针式过滤器：0.45μm。

（二）试剂

（1）δ-MnO_2 催化剂（参考实验1）。

（2）H_2O_2 溶液：分析纯。

（3）磺胺甲噁唑溶液（10mg/L）：准确称取 0.0100g SMX 溶于水中，移至 1L 容量瓶中，用水定容至标线，摇匀，配成 10mg/L SMX 溶液。

（4）甲醇：色谱纯。

（5）乙腈：色谱纯。

（6）0.1%醋酸：准确移取 0.10mL 醋酸于 100mL 容量瓶中，用水定容至标线，摇匀。

（7）去离子水。

四、实验步骤

（1）分别用量筒移取 100mL SMX 溶液置于 3 组平行烧杯（♯1、♯2、♯3）中，磁力搅拌条件下，分别加入 50mg δ-MnO$_2$ 催化剂，并连续搅拌 30min 以达到吸附-解吸平衡。吸附结束后取样 3mL，立刻通过 0.45μm 滤膜过滤（以达到固体催化剂与液体完全分离的目的）。

（2）向上述 3 组溶液中各加入 3mL 的 H$_2$O$_2$ 溶液以开启催化反应，每隔 10min 取样一次，取样量 3mL，立刻通过 0.45μm 滤膜过滤（以达到固体催化剂与液体完全分离的目的），并用 200μL 甲醇进行淬灭（淬灭残余的 H$_2$O$_2$，终止催化反应），反应时间为 60min。

（3）用高效液相色谱仪对 SMX 浓度进行定量分析。色谱柱为 C$_{18}$（250mm×4.6mm，5μm）；检测器的波长设置为 270nm；流动相为 0.1％醋酸和乙腈（60∶40，体积比），使用前经 0.45μm 滤膜过滤并超声脱气；进样量为 20μL；流速为 1.0mL/min，柱温 30℃。读取所测试样的峰面积 Y。

五、数据处理

（1）将 δ-MnO$_2$ 催化剂活化 H$_2$O$_2$ 催化降解 SMX 的数据填至表 27-1。

表 27-1　δ-MnO$_2$ 催化剂活化 H$_2$O$_2$ 催化降解 SMX 的性能

取样次数	1	2	3	4	5	6	7	8
取样时间	原液	吸附 30min	催化 10min	催化 20min	催化 30min	催化 40min	催化 50min	催化 60min
♯1 烧杯								
♯2 烧杯								
♯3 烧杯								
均值								

（2）SMX 的降解率（％）：

$$SMX\ 降解率 = \frac{C_0 - C_t}{C_0} \times 100\% = \frac{Y_0 - Y_t}{Y_0} \times 100\%$$

式中　C_t——t 时刻 SMX 的浓度，mg/L；

　　　C_0——原液中 SMX 的浓度，mg/L；

　　　Y_t——t 时刻 SMX 的峰面积；

　　　Y_0——原液中 SMX 的峰面积。

以 t 为横坐标，降解率为纵坐标，拟合后得到的曲线即为该反应体系随时间变化的降解率，单位为％。

（3）采用准一级反应方程式拟合 SMX 的降解动力学，其表观反应速率常数 k 根据下式计算：

$$\ln\left(\frac{C_0}{C_t}\right) = kt = \ln\left(\frac{Y_0}{Y_t}\right)$$

式中　C_t——t 时刻 SMX 的浓度，mg/L；

　　　C_0——原液中 SMX 的浓度，mg/L；

Y_t——t 时刻 SMX 的峰面积；

Y_0——原液中 SMX 的峰面积；

k——准一级反应速率常数，min^{-1}；

t——反应时间，min。

以 t 为横坐标，$\ln(Y_0/Y_t)$ 为纵坐标，拟合后得到的斜率即为该反应体系的表观反应速率常数 k，单位为 min^{-1}。

六、思考题

（1）吸附 30min 的取样点有什么含义？

（2）反应速率常数的大小与催化性能有何关系？

实验 28 LaMnO₃ 钙钛矿活化过硫酸盐技术催化氧化双酚 A

双酚 A（bisphenol A，BPA）是一种含有双酚基的有机化合物，是生产聚碳酸酯和环氧树脂的主要材料，并在许多塑料制品中被广泛用作增塑剂、稳定剂和抗氧化剂，如电子设备、汽车、运动安全设备、医疗设备、餐具、婴儿奶瓶和食品储存容器等。据统计，2022年我国 BPA 年产量达 382.5 万吨，2023 年 BPA 国内产能扩增至 426.5 万吨。作为一种典型的内分泌干扰物，环境中残留的 BPA 能够破坏机体性激素、胰岛素和甲状腺素等多种激素功能，并产生肝毒性、免疫毒性和神经毒性，同时具有致癌性和致畸性，增加人类肥胖、糖尿病和心脏病的风险。我国的饮用水质量标准 GB 5749—2022 中规定 BPA 的限值为 0.01mg/L，美国环境保护署（EPA）规定人体内 BPA 的临界限值为 $50\mu g/kg$。面对产量的与日俱增以及伴随而来的潜在环境风险，迫切需要寻找一种有效的 BPA 处理技术。

近年来，过硫酸盐高级氧化技术由于其反应速度快、适用范围广、去除能力强等优势，在水处理领域受到广泛关注。其中，钙钛矿型氧化物（分子通式是 ABO_3）由于其特殊的热稳定性、电子结构、氧移动性以及氧化还原特性被广泛用于电催化、光催化和太阳能电池等领域[17]。值得注意的是，在不改变钙钛矿结构的前提下，通过调节 A 位和 B 位元素的种类和比例，以及在 A 位和 B 位取代含不同价态和半径的外来金属阳离子，都可以很容易地修饰和调控钙钛矿的物理、化学和电学性质；反过来，这些适当的 A 位或 B 位阳离子取代不仅可以调控 B 位过渡元素的价态，也可以在钙钛矿结构中引入氧空位，从而促进其氧化还原能力和氧的移动性。这些特性促使钙钛矿型氧化物在催化过硫酸盐过程中发挥至关重要的作用。

一、实验目的

（1）了解过硫酸盐催化氧化技术。

（2）理解过硫酸盐催化氧化技术降解有机污染物的机理。

二、实验原理

基于过硫酸盐的高级氧化技术（PS-AOPs）因其高效的催化活性、选择性和操作简单等优点被广泛用于去除水体中难降解有机污染物，其工作原理是基于过硫酸盐分子中过氧键断裂引发链式反应，产生硫酸根自由基（$SO_4^- \cdot$）、羟基自由基（$\cdot OH$）、超氧自由基（$\cdot O_2^-$）

和单线态氧（$^1O_2$）等多种活性氧物种，再与有机污染物发生加合、取代、电子转移、断键等反应，使水体中大分子难降解有机污染物氧化降解成低毒或无毒小分子物质，甚至可直接降解成 CO_2 和 H_2O。

三、仪器与试剂

（一）仪器

（1）高效液相色谱仪。

（2）磁力搅拌器。

（3）电子分析天平。

（4）容量瓶：100mL、1L。

（5）烧杯：250mL。

（6）量筒：100mL。

（7）一次性塑料滴管。

（8）一次性注射器：5mL。

（9）一次性针式过滤器：$0.45\mu m$。

（二）试剂

（1）$LaMnO_3$ 钙钛矿（参考实验6）。

（2）过硫酸氢钾溶液（PMS，10g/L）：准确称取 1.0000g 过硫酸氢钾溶于水，移至 100mL 容量瓶中，用水定容至标线，摇匀，现配现用。

（3）双酚 A 溶液（10mg/L）：准确称取 0.0100g BPA 溶于水中，移至 1L 容量瓶中，用水定容至标线，摇匀，配成 10mg/L BPA 溶液。双酚 A 结构式见图 28-1。

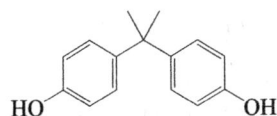

（4）甲醇：色谱纯。

图 28-1　双酚 A 的结构式

（5）去离子水。

四、实验步骤

（1）分别用量筒移取 100mL BPA 溶液置于 5 组烧杯（＃1、＃2、＃3、＃4、＃5）中，向＃3、＃4、＃5 烧杯分别加入 50mg $LaMnO_3$ 钙钛矿和 2mL 的 10g/L 过硫酸氢钾溶液，以开启催化反应，每隔 10min 取样一次，取样量 3mL，立刻通过 $0.45\mu m$ 滤膜过滤（以达到固体催化剂与液体完全分离的目的），并用 $200\mu L$ 甲醇进行淬灭（淬灭残余的 PMS，终止催化反应），反应时间为 60min。

（2）作为对照实验，向＃1 烧杯中只加入 50mg $LaMnO_3$ 钙钛矿，以探究单独催化剂 $LaMnO_3$ 钙钛矿对 BPA 的吸附作用，向＃2 烧杯中只加入 2mL 的 10g/L 过硫酸氢钾溶液，以探究单独氧化剂 PMS 对 BPA 的降解作用，每隔 10min 取样一次，步骤同上。

（3）用高效液相色谱仪对 BPA 浓度进行定量分析。色谱柱为 C_{18}（250mm×4.6mm，$5\mu m$）；检测器的波长设置为 276nm；流动相为甲醇和水（70：30，体积比），使用前经 $0.45\mu m$ 滤膜过滤并超声脱气；进样量为 $20\mu L$；流速为 1.0mL/min，柱温 30℃。

五、数据处理

（1）将 $LaMnO_3$ 钙钛矿活化 PMS 催化降解 BPA 的数据填至表 28-1。

表 28-1 LaMnO$_3$ 钙钛矿活化 PMS 催化降解 BPA 的性能

取样次数	1	2	3	4	5	6	7
取样时间	原液	反应 10min	反应 20min	反应 30min	反应 40min	反应 50min	反应 60min
♯1 烧杯							
♯2 烧杯							
♯3 烧杯							
♯4 烧杯							
♯5 烧杯							
均值 (♯3~♯5)							

（2）BPA 的去除率（%）：

$$BPA\ 去除率 = \frac{C_0 - C_t}{C_0} \times 100\% = \frac{Y_0 - Y_t}{Y_0} \times 100\%$$

式中　C_t——t 时刻 BPA 的浓度，mg/L；

C_0——原液中 BPA 的浓度，mg/L；

Y_t——t 时刻 BPA 的峰面积；

Y_0——原液中 BPA 的峰面积。

以 t 为横坐标，去除率为纵坐标，拟合后得到的曲线即为该反应体系随时间变化的去除率，单位为%。

（3）LaMnO$_3$ 钙钛矿对 BPA 的吸附去除率（%）：

$$BPA\ 吸附去除率 = \frac{C_0 - C_t}{C_0} \times 100\% = \frac{Y_0 - Y_t}{Y_0} \times 100\%$$

式中　C_t——♯1 烧杯中，t 时刻 BPA 的浓度，mg/L；

C_0——♯1 烧杯中，原液中 BPA 的浓度，mg/L；

Y_t——♯1 烧杯中，t 时刻 BPA 的峰面积；

Y_0——♯1 烧杯中，原液中 BPA 的峰面积。

（4）PMS 对 BPA 的氧化去除率（%）：

$$BPA\ 氧化去除率 = \frac{C_0 - C_t}{C_0} \times 100\% = \frac{Y_0 - Y_t}{Y_0} \times 100\%$$

式中　C_t——♯2 烧杯中，t 时刻 BPA 的浓度，mg/L；

C_0——♯2 烧杯中，原液中 BPA 的浓度，mg/L；

Y_t——♯2 烧杯中，t 时刻 BPA 的峰面积；

Y_0——♯2 烧杯中，原液中 BPA 的峰面积。

六、思考题

（1）该体系中，BPA 的去除机理是什么？

（2）对比分析过氧化氢催化氧化技术与过硫酸盐催化氧化技术的异同点。

实验 29　Fe/g-C$_3$N$_4$ 光催化氧化诺氟沙星

光催化氧化技术可源源不断地利用清洁的太阳能来实现对有机污染物的有效降解，从而受到了广大研究者的青睐。类石墨相氮化碳（g-C$_3$N$_4$）作为一种经典的半导体材料，具有合成简单、热稳定性和化学稳定性良好、经济无污染等优点，广泛应用于光催化降解领域。然而，本体 g-C$_3$N$_4$ 存在较高的光生电子-空穴对复合率、较窄的可见光吸收范围以及较低的氧化电位等不足，使得其光催化降解性能大大降低。为了提高 g-C$_3$N$_4$ 的光催化降解能力，研究者采用多种改性方法对 g-C$_3$N$_4$ 进行改性，例如元素掺杂、形貌调控、构建异质结以及共聚改性等手段。

本实验以铁改性氮化碳为光催化剂，探讨其对典型氟喹诺酮类抗生素诺氟沙星的光催化降解性能。

一、实验目的

（1）了解光催化氧化技术。

（2）理解光催化氧化技术降解有机污染物的机理。

二、实验原理

光催化氧化技术以光为能源，利用半导体材料中电子吸收能量后发生的跃迁行为形成光生电子-空穴对，提供氧化还原位点，以促进催化反应发生，达到降解抗生素等有机污染物的目的。半导体材料由价带（VB）和导带（CB）组成，而 VB 和 CB 之间称为禁带。半导体材料的光催化性能与禁带宽度密切相关，禁带宽度越大，所需要的能量越多。即当半导体材料受到足够的能量激发之后（能量大于或等于禁带宽度），VB 上的电子向 CB 转移，CB 上产生带负电的高活性光生电子（e$^-$），VB 上产生带正电的光生空穴（h$^+$），形成光生电子-空穴对。

当 e$^-$ 和 h$^+$ 到达光催化剂表面时，可发生两类反应。第一类是简单的复合，如果 e$^-$ 和 h$^+$ 没有被利用，则会重新复合，使光能以热能形式散发掉。第二类是发生一系列光催化氧化还原反应，利用 e$^-$ 和 h$^+$ 氧化降解吸附在光催化剂表面上的有机污染物。

三、仪器与试剂

（一）仪器

（1）高效液相色谱仪。

（2）磁力搅拌器。

（3）电子分析天平。

（4）光化学反应仪。

（5）循环水真空泵。

（6）容量瓶：1L。

（7）烧杯：250mL。

（8）量筒：100mL。

（9）一次性塑料滴管。

（10）一次性注射器：5mL。

（11）一次性针式过滤器：0.45μm。

（二）试剂

（1）铁改性氮化碳（Fe/g-C_3N_4，参考实验4）。

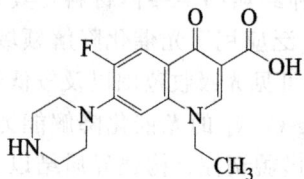

图 29-1　诺氟沙星的结构式

（2）诺氟沙星（NFX）溶液（10mg/L）：准确称取 0.0100g NFX 溶于水中，移至 1L 容量瓶中，用水定容至标线，摇匀，配成 10mg/L NFX 溶液。NFX 结构式见图 29-1。

（3）乙腈：色谱纯。

（4）0.1%磷酸：准确移取 1mL 磷酸溶于水中，移至 1L 容量瓶中，用水定容至标线，摇匀。

（5）去离子水。

四、实验步骤

（1）取 4 组 250mL 烧杯，标记为 A1、A2、B1、B2，分别加入 100mL NFX 溶液，向 A1 和 A2 中各装入 50mg Fe/g-C_3N_4 催化剂，然后将 4 组烧杯放入循环水冷却的光化学反应装置中，在无光条件下搅拌 30min，以达到催化剂和 NFX 溶液的吸附-解吸平衡。吸附结束后取样 3mL，立刻经 0.45μm 过滤器过滤后待测。

（2）用 500W 氙灯对 NFX 溶液进行光催化降解。自氙灯启动开始计时，每隔 10min 取样一次，取样量 3mL，立刻经 0.45μm 过滤器过滤后待测，反应时间为 60min。

（3）用高效液相色谱仪对 NFX 浓度进行定量分析。色谱柱为 C_{18}（250mm×4.6mm，5μm）；检测器的波长设置为 272nm；流动相为 0.1%磷酸水溶液和乙腈（85：15，体积比），使用前经 0.45μm 滤膜过滤并超声脱气；进样量为 20μL；流速为 1.2mL/min，柱温 30℃。读取所测试样的峰面积 Y。

五、数据处理

（1）将 Fe/g-C_3N_4 光催化降解 NFX 的数据填至表 29-1。

表 29-1　Fe/g-C_3N_4 光催化降解 NFX 的性能

取样次数	1	2	3	4	5	6	7	8
取样时间	原液	吸附 30min	催化 10min	催化 20min	催化 30min	催化 40min	催化 50min	催化 60min
A1								
A2								
均值								
B1								
B2								
均值								

（2）NFX 的降解率（%）：

$$NFX\ 降解率 = \frac{C_0 - C_t}{C_0} \times 100\% = \frac{Y_0 - Y_t}{Y_0} \times 100\%$$

式中　C_t——t 时刻 NFX 的浓度，mg/L；

　　　　C_0——原液中 NFX 的浓度，mg/L；

　　　　Y_t——t 时刻 NFX 的峰面积；

　　　　Y_0——原液中 NFX 的峰面积。

以 t 为横坐标，降解率为纵坐标，拟合后得到的曲线即为该反应体系随时间变化的降解率，单位为％。

六、思考题

（1）A 组和 B 组实验，分别代表什么含义？

（2）光催化降解 NFX 的实验中，哪些因素会影响光催化效果？

（3）选择光催化剂的原则有哪些？

第七章
环境催化材料在湖库藻类控制方面的应用

实验 30　铜绿微囊藻的培养

　　蓝藻（*Cyanobacteria*）是一种产生于 35 亿～33 亿年前的大型单细胞原核生物，可利用阳光作为能源，通过光合作用将空气中二氧化碳转化为生物质，同时具有光合产氧和固氮功能，对生长环境的适应性突出，广泛分布于多种环境介质中。在水环境中，当环境条件适宜、营养充足时，蓝藻细胞可借助细胞中形成的气囊浮向上层水面并迅速繁殖成为水中优势种群。微囊藻（*Microcystis*）属于常见的淡水蓝藻属之一，广泛分布于富营养化湖泊水库中，其中铜绿微囊藻（*Microcystis aeruginosa*）是蓝藻水华中出现频率最高且影响范围最广的藻种。近年来，人类生产生活和工业活动向自然水生生态系统中不断输入溶解性营养物质，水生生态系统内部无法对其进行有效的循环致使天然水环境中的营养盐过度积累，造成水体富营养化进程大幅度加速。与此同时，由于二氧化碳水平不断增长和全球气温不断上升，适宜蓝藻生长繁殖的水体营养条件和环境气候条件使得蓝藻水华现象在全球水生生态系统内频繁发生，且发生强度和持续时间均呈上升趋势。

　　目前对于蓝藻水华的产生，普遍认为是由持续光照、高温、水中养分等多种环境因素经过复杂相互作用后的结果。研究表明，影响蓝藻水华发生的主要因素可总结为以下四点：①水体中氮、磷含量超标，溶解性营养物质过度积累；②季节性持续太阳辐照，降雨偏少，水力停留时间过长；③水体中微量元素的影响；④水生动物多以浮游动物食性鱼类为主，滤食性鱼类的种群密度偏低，对于蓝藻生物的捕食消耗较慢、较少。

一、实验目的

　　（1）了解铜绿微囊藻的性质和培养等相关知识。
　　（2）掌握培养液配制以及藻种转接的基本操作和步骤。

二、实验原理

　　单细胞藻类培养一般从分离纯种开始，经过多代繁殖之后就能得到所需要的单种，再经专门的藻种培养，即可转入大型玻璃容器扩大培养。在实验室控制条件下进行时，须补充光照和人工培养液，并经常摇动以利于藻类生长繁殖。其中，人工培养液经严格灭菌后方可接种。单细胞藻类繁殖能力较强，达到要求浓度后要及时采收，同时添加新的培养液。

三、仪器与试剂

（一）仪器

（1）光照培养箱。

（2）高压灭菌锅。

（3）超净工作台。

（4）电子分析天平。

（5）通风橱。

（6）pH 计。

（7）锥形瓶：1000mL。

（8）量筒：500mL。

（9）容量瓶：100mL、1000mL。

（10）烧杯：100mL。

（11）一次性塑料滴管。

（二）试剂

（1）铜绿微囊藻藻液。

（2）去离子水。

（3）硝酸钠储备液（$NaNO_3$，150g/L）：准确称取 15.0000g 硝酸钠溶于水中，移至 100mL 容量瓶中，用水定容至标线，摇匀，配成 150g/L 硝酸钠储备液。

（4）磷酸氢二钾储备液（K_2HPO_4，4.0g/L）：准确称取 0.4000g 磷酸氢二钾溶于水中，移至 100mL 容量瓶中，用水定容至标线，摇匀，配成 4.0g/L 磷酸氢二钾储备液。

（5）硫酸镁储备液（$MgSO_4 \cdot 7H_2O$，7.5g/L）：准确称取 0.7500g 硫酸镁溶于水中，移至 100mL 容量瓶中，用水定容至标线，摇匀，配成 7.5g/L 硫酸镁储备液。

（6）氯化钙储备液（$CaCl_2 \cdot 2H_2O$，3.6g/L）：准确称取 0.3600g 氯化钙溶于水中，移至 100mL 容量瓶中，用水定容至标线，摇匀，配成 3.6g/L 氯化钙储备液。

（7）柠檬酸储备液（$C_6H_8O_7$，0.6g/L）：准确称取 0.0600g 柠檬酸溶于水中，移至 100mL 容量瓶中，用水定容至标线，摇匀，配成 0.6g/L 柠檬酸储备液。

（8）柠檬酸铁铵储备液 $[(NH_4)_x Fe_y (C_6H_4O_7)_z$，0.6g/L]：准确称取 0.0600g 柠檬酸铁铵溶于水中，移至 100mL 容量瓶中，用水定容至标线，摇匀，配成 0.6g/L 柠檬酸铁铵储备液。

（9）乙二胺四乙酸二钠储备液（$EDTANa_2$，0.1g/L）：准确称取 0.0100g 乙二胺四乙酸二钠溶于水中，移至 100mL 容量瓶中，用水定容至标线，摇匀，配成 0.1g/L 乙二胺四乙酸二钠储备液。

（10）碳酸钠储备液（Na_2CO_3，2.0g/L）：准确称取 0.2000g 碳酸钠溶于水中，移至 100mL 容量瓶中，用水定容至标线，摇匀，配成 2.0g/L 碳酸钠储备液。

（11）硼酸（H_3BO_3）。

（12）氯化锰（$MnCl_2 \cdot 4H_2O$）。

（13）硫酸锌（$ZnSO_4 \cdot 4H_2O$）。

（14）钼酸钠（$Na_2MoO_4 \cdot 4H_2O$）。

（15）硫酸铜（$CuSO_4 \cdot 4H_2O$）。

（16）硝酸钴 $[Co(NO_3)_2 \cdot 4H_2O]$。

（17）盐酸溶液（HCl，1mol/L）：准确移取 5mL 浓盐酸（37%，约为 12mol/L）于 100mL 烧杯中，边搅拌边沿烧杯内壁缓缓加入 55mL 去离子水，继续搅拌均匀，配成 1mol/L 盐酸溶液。

（18）氢氧化钠溶液（NaOH，1mol/L）：准确称取4.0000g氢氧化钠溶于水中，待溶液冷却后移至100mL容量瓶中，用水定容至标线，摇匀，配成1mol/L氢氧化钠溶液。

（注：①稀释盐酸需在通风橱中进行操作；②氢氧化钠具有腐蚀性，应在烧杯中称量。）

四、实验步骤

（1）准确称取2.8600g硼酸、1.8600g氯化锰、0.2200g硫酸锌、0.3900g钼酸钠、0.0800g硫酸铜、0.0500g硝酸钴溶于水中，随后移至1000mL容量瓶中，用水定容至标线，摇匀，配成A5储备液。

（2）分别移取上述硝酸钠储备液、磷酸氢二钾储备液、硫酸镁储备液、氯化钙储备液、柠檬酸储备液、柠檬酸铁铵储备液、EDTANa$_2$储备液、碳酸钠储备液各10mL至1000mL容量瓶，再加入1mL A5储备液，用水定容至标线，摇匀，转移至1000mL锥形瓶中（♯1），得到BG-11培养基。

（3）用1mol/L氢氧化钠溶液或1mol/L盐酸溶液将BG-11培养基的pH调至7.1～7.3。

（4）另准备一个洁净的1000mL锥形瓶空瓶（♯2），利用纱布或封口膜封住♯1和♯2锥形瓶瓶口，在高温高压灭菌锅中进行灭菌（若灭菌后培养基底部出现淡黄色沉淀，属于正常现象）。

（5）灭菌结束后，将♯1和♯2锥形瓶取出，迅速转移至超净工作台（需提前30min打开紫外灭菌灯对台面进行灭菌，使用过程中关闭紫外灭菌灯），待培养基冷却后转接藻种。

（6）培养基冷却后，手动混匀♯1锥形瓶内培养基，并转移500mL培养基至♯2锥形瓶，而后分别加入500mL铜绿微囊藻藻液，混匀，用封口膜封紧瓶口。将其放入光照培养箱进行培养（图30-1），光照培养箱设定参数：光强3000lx；温度（25±1）℃；光暗比14h∶10h。

（7）每天摇动藻液2～3次，维持铜绿微囊藻细胞呈悬浮状态并使其均匀受光。

图30-1　光照培养箱中的藻液

五、思考题

（1）蓝藻水华中常见的藻类有哪些，如何区分？

（2）培养液 pH 为什么需要调整至 7.1～7.3，pH 对藻类培养有何影响？

实验 31　藻细胞生长曲线的绘制

研究表明，蓝藻水华可增加水体浊度，降低水中溶解氧含量，引起水生生物死亡，严重影响水生生态系统，造成人类饮水安全隐患。

一般来说，蓝藻水华的整个过程分为四个阶段，包括延滞期、对数生长期、平稳期和衰亡期。蓝藻在不同阶段的生理特征也会有所不同，如处于对数生长期和平稳期的蓝藻比处于衰亡期的蓝藻具有更高的光合作用活性。由于蓝藻在对数生长期生长速度快、新陈代谢旺盛、活性强以及对不利的环境条件相对敏感等，有关蓝藻控制的研究大多只关注对数生长期。在延滞期，蓝藻细胞需要较长的时间来适应新的环境条件，可通过剧烈的物质和能量合成实现生物量的快速增长。因此，藻密度的检测对于蓝藻水华的精准控制和水环境监测管理具有重要意义。目前常用的藻密度检测方法主要包括显微镜计数法、光学密度法、流式细胞仪法及 DNA 分子生物学法等。

一、实验目的

（1）了解蓝藻水华的危害。

（2）掌握藻细胞密度的血细胞计数板法。

（3）掌握藻细胞密度的光学密度法。

二、实验原理

（一）血细胞计数板法

当水体中藻细胞均匀分布时，可通过显微镜观察计算出一定体积悬液中藻细胞的数目。血细胞计数板是一种常用的细胞计数工具，其计数池的中央大方格用双线分成 25 个中方格，位于正中及四角的 5 个中方格为藻细胞的计数区域，每个中方格又用单线划分为 16 个小方格，见图 31-1。使用血细胞计数板计数时，先在显微镜下直观地数出血细胞计数板计数区域中 5 个方格中的藻细胞个数，再根据下式换算成每毫升藻液中的藻细胞个数。值得注意的是，通常易将正常细胞和凋亡细胞（包括其他杂质）混淆，导致所得出的结果往往偏高，因此进行计数时，需对藻细胞进行仔细区分。

$$藻细胞密度 = \frac{N}{80} \times 400 \times 10^4 \times 稀释倍数$$

式中　N——80 个小方格的藻细胞总数。

（二）光学密度法

作为藻细胞中主要色素之一，叶绿素 a 在光合作用中起着关键作用，与细胞的生长代谢密切相关，叶绿素 a 的最大吸收峰位于约 680nm 处。因此，光学密度法可通过测定藻液在 680nm 下的吸光度，对藻细胞中的叶绿素 a 进行定量，从而判断藻细胞所处的生长阶段。

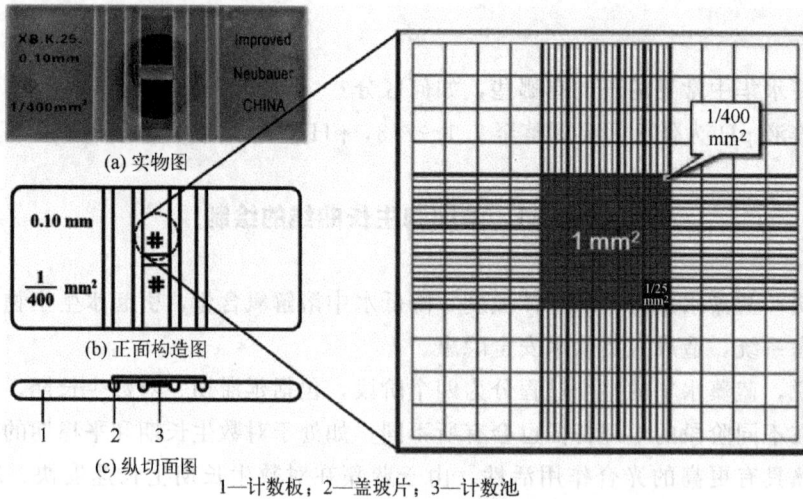

(a) 实物图

(b) 正面构造图

(c) 纵切面图

1—计数板；2—盖玻片；3—计数池

图 31-1　血细胞计数板示意图

另外，当样品在 680nm 波长下的光密度（OD680）过大时，可能会超出某些仪器的测量范围，导致光密度与细胞密度之间并不具有严格的线性关系，在实际操作中，需要注意控制 OD680 的值在合适范围内。

对于不同生长期的藻类而言，藻细胞数量与光密度值基本成正比，尤其是对数期。因此，可定时取样并测定藻液的 OD680 值，以时间为横坐标，OD680 值为纵坐标，绘制藻细胞的生长曲线。

三、仪器与试剂

（一）仪器

（1）显微镜。

（2）紫外可见分光光度计。

（3）血细胞计数板。

（4）盖玻片。

（5）一次性塑料滴管。

（二）试剂

（1）铜绿微囊藻藻液。

（2）去离子水。

四、实验步骤

（1）混匀藻液，每天在固定时刻取样，测定藻细胞个数和 OD680 值。

（2）血细胞计数板法测定藻细胞个数步骤如下：

① 取一块洁净的血细胞计数板，在计数区盖上一块盖玻片。

② 将藻液摇匀，用滴管吸取少许藻液，从计数板中间平台两侧的沟槽内沿盖玻片的下边缘滴入一小滴，让藻液利用液体的表面张力充满计数区，避免产生气泡，并用吸水纸吸去沟槽中流出的多余藻液。

③ 静置片刻，使细胞沉降到计数板上，且不再随液体漂移。将血细胞计数板放置于显微镜的载物台上夹稳，先在低倍镜下找到计数区后，再转换高倍镜观察并计数。

④ 计数时按对角线方位，分别计数左上、左下、右上、右下及中央的 5 个中方格（即80 小格）的藻细胞数（N）。为了保证计数的准确性，避免重复计数和漏记，在计数时，应对沉降在格线上的藻细胞进行统一规定。当藻细胞位于中方格的双线上时，计数时数上线不数下线，数左线不数右线，以减少误差，即位于本格上线和左线上的藻细胞计入本格，本格下线和右线上的藻细胞按规定不计入。

⑤ 每个样品重复计数三次，若两次数值相差过大，应重新操作，然后按公式计算出每毫升藻液中所含藻细胞数量。

⑥ 测数完毕后，取下盖玻片，用清水将血细胞计数板冲洗干净，切勿用硬物洗刷或抹擦，以免损坏网格刻度。洗净后自行晾干或用吹风机吹干，放入收纳盒内保存。

（3）光学密度法测定 OD680 值：混匀藻液，取 3mL 藻液放入 1cm 光径比色皿中，以水作参比，利用紫外可见分光光度计于 680nm 波长处测定 OD680 值。

五、数据处理

（1）将所计得的藻细胞个数填至表 31-1。

表 31-1　藻细胞个数

时间/d	N_1/个	N_2/个	N_3/个	均值	藻液浓度/ (10^6 个/mL)
1					
2					
3					
4					
5					
6					
7					

（2）将所测得的 OD680 数据填至表 31-2。

表 31-2　OD680 值

时间/d	1	2	3	4	5	6	7
OD680							

（3）以藻液浓度（10^6 个/mL）为横坐标，以 OD680 值为纵坐标，绘制标准曲线，并拟合得到回归系数 R^2 以及回归方程 $y = ax \pm b$。

（4）以生长时间为横坐标，藻液浓度（10^6 个/mL）或 OD680 值为纵坐标，绘制藻细胞的生长曲线。

六、思考题

（1）在使用显微镜进行观察计数时，如何区分正常藻细胞和凋亡藻细胞等其他杂质？

（2）在实验过程中需要注意哪些操作细节以确保实验结果的准确性？

实验 32　叶绿素 a 的检测与分析

水体出现富营养化现象时，由于浮游生物大量繁殖，往往使水体呈现蓝色、红色、棕色、乳白色等，这种现象在江河湖泊中叫水华。《2023 中国生态环境状况公报》显示，开展营养状态监测的 205 个重要湖泊水库中，贫营养状态占 8.3%，中营养状态占 64.4%，轻度富营养状态占 23.4%，中度富营养状态占 3.9%。湖泊水库营养状态评价分级标准见表 32-1。

叶绿素（chlorophyll）是高等植物和其他所有能进行光合作用的生物体含有的一类色素。叶绿素种类众多，如叶绿素 a、b、c、d 以及细菌叶绿素和绿菌属叶绿素等。其中，叶绿素 a 含量是反映水体中浮游植物生物量的综合指标，是表征水体富营养化现象及程度的重要指标之一。目前，叶绿素含量的测定方法主要有分光光度法、荧光分析法、活体叶绿素仪法、光声光谱法和高效液相色谱法，其中应用最为广泛的是分光光度法。

表 32-1　湖泊水库营养状态评价分级标准

营养分级	营养状态定性评价	叶绿素 a/(mg/m³)
贫营养	优	1.6
中营养	良好	10
轻度富营养	轻度污染	26
中度富营养	中度污染	64
重度富营养	重度污染	160

一、实验目的

（1）掌握叶绿素 a 的检测原理和方法。

（2）评价水体的富营养化状况。

二、实验原理

将一定量样品用滤膜过滤截留藻类，研磨破碎藻类细胞，用丙酮溶液提取叶绿素，离心分离，根据叶绿素提取液对可见光谱的吸收，利用分光光度计在某一特定波长下测定其吸光度，即可用公式计算出提取液中叶绿素 a 的含量。叶绿素提取液的吸收光谱表明，分别在红光区和蓝紫区有两个强吸收峰，不同提取溶剂和原料所得的叶绿素溶液的吸收光谱比较相似，仅在较小范围内浮动。其中，叶绿素 a、叶绿素 b 的红光区最大吸收峰分别在 665nm、645nm 附近，蓝紫区分别在 429nm、453nm 附近。

三、仪器与试剂

（一）仪器

（1）紫外可见分光光度计。

（2）棕色玻璃瓶：500mL。

（3）离心机。

（4）冰箱。

（5）玻璃管。

（6）玻璃纤维滤膜。

（7）烧杯：100mL。

（二）试剂

（1）丙酮。

（2）碳酸镁悬浊液：称取 1g 碳酸镁溶于 100mL 水中，搅拌成悬浊液。

（3）90％丙酮溶液：丙酮与水的体积比为 9∶1。

（4）2mol/L 盐酸：准确移取 10mL 浓盐酸（37％，约为 12mol/L）于 100mL 烧杯中，边搅拌边沿烧杯内壁缓缓加入 50mL 去离子水，继续搅拌均匀，配成 2mol/L 盐酸溶液。

（5）去离子水。

四、实验步骤

（一）样品采集和保存

一般使用玻璃采水器在水面下 0.5m 处采集样品，采样体积 500mL。若样品中含有泥沙等沉降性固体，将样品摇匀后倒入 1L 量筒中，避光静置 30min，取水面下 5cm 样品，移至棕色玻璃瓶内。在每升样品中加入 1mL 碳酸镁悬浊液，以防酸化引起色素溶解。样品采集后于 4℃以下避光保存。

（二）叶绿素 a 的测定

取 100～500mL 水样，经玻璃纤维滤膜过滤，记录过滤水样的体积。将过滤纸卷成纸卷状，放入玻璃管内，加 10mL 或足以使滤纸淹没的 90％丙酮溶液，记录丙酮体积，塞住瓶塞，于 4℃下避光处理 4h。离心分离后，将提取液倒入 1cm 玻璃比色皿，以 90％丙酮溶液为参比，分别测定提取液在 665nm 和 750nm 处的吸光度。

在提取液中加入 1 滴 2mol/L 盐酸，混匀放置 1min，再分别测定提取液在 665nm 和 750nm 处的吸光度。

五、数据处理

根据下式计算叶绿素 a 的浓度：

$$\rho = \frac{29 \times [(A_{665} - A_{750}) - (A_{665a} - A_{750a})] \times V_{提取液}}{V_{样品}}$$

式中　ρ——叶绿素 a 的浓度，$\mu g/L$；

A_{665}——酸化前，样品在 665nm 处的吸光度；

A_{750}——酸化前，样品在 750nm 处的吸光度；

A_{665a}——酸化后，样品在 665nm 处的吸光度；

A_{750a}——酸化后，样品在 750nm 处的吸光度；

$V_{提取液}$——90％丙酮溶液的体积，mL；

$V_{样品}$——样品的体积，mL。

六、注意事项

（1）使用的玻璃器皿和比色皿均应清洁、干燥，不要用酸浸泡或洗涤。

（2）750nm 处的吸光度读数是用来校正浑浊度的，吸光度值应小于 0.005，否则需要重新离心或用有机针式滤膜过滤。

（3）比色皿应用 90%丙酮溶液进行校正。

（4）由于叶绿素对光敏感，样品应尽快分析，所有操作应在低温、弱光下进行。

（5）丙酮对人体健康有一定危害，废液应妥善安全处理。

七、思考题

（1）评价被测水体的富营养化状况。

（2）简述叶绿素 a 的其他检测方法。

实验 33　微囊藻毒素的检测与分析

微囊藻毒素（microcystins，MCs）作为当前环境科学领域研究的热点之一，是一类由淡水蓝藻（如铜绿微囊藻）产生的具有生物活性的单环七肽化合物。近年来，蓝藻水华及其次生代谢产物微囊藻毒素在全球范围内频繁发生，对水生生态系统和人类健康构成了严重威胁。

微囊藻毒素以其显著的肝脏毒性著称，并已被国际癌症研究机构列为 2B 类致癌物。它能够通过多种途径进入人体，如饮用受污染的水、食用受污染的食物等，长期低水平暴露于微囊藻毒素可能导致慢性中毒，甚至促进肿瘤的发生。此外，微囊藻毒素还具有生殖毒性、神经毒性和免疫毒性，对多种生物系统产生负面影响。在目前已知的 90 多种 MCs 中，微囊藻毒素-LR（MC-LR）是水体中检出率最高且毒性最强的种类之一，环境水体中浓度可达 $2\sim10\mu g/L$，胞内毒素则更高出几个数量级，显著超出世界卫生组织规定的饮用水含量标准（$1\mu g/L$）。MCs 的结构式见图 33-1，Leu(L) 为亮氨酸，Arg(R) 为精氨酸，Tyr(Y) 为酪氨酸，Adda 为 3-氨基-9-甲氧基-2,6,8-三甲基-10-苯基-4,6-二烯酸，Glu 为谷氨酸，Mdna 为 N-甲基脱氢丙氨酸，Ala 为丙氨酸，β-Me-Asp 为 β-甲基天冬氨酸。

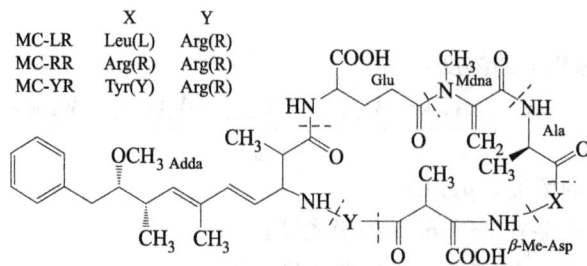

图 33-1　MCs 的结构式

随着对微囊藻毒素研究的持续深化，科研人员已成功研发出多元化的定性与定量检测技术，旨在精确评估并监测其含量与特性。这些方法大致可归纳为生物毒理学法、化学分析法、免疫检测法三大类，包括生物测试法、细胞毒性检测技术、高效液相色谱（HPLC）法、薄层色谱法、高效液相色谱-质谱联用（HPLC-MS）法、气相色谱（GC）法等。其中，HPLC 法具有结果准确、重现性好、灵敏度较高、能同时检测不同毒素变体等优点，在微囊藻毒素的检测中得到了广泛的应用。

一、实验目的

(1) 了解微囊藻毒素的种类、结构及性质等相关知识。

(2) 掌握 MC-LR 浓度测定的基本操作和步骤。

二、实验原理

液相色谱仪储液器中的流动相被高压泵打入系统，样品溶液经进样器进入流动相，被流动相载入色谱柱（固定相）内，由于样品溶液中的各组分在两相中具有不同的分配系数，在两相中做相对运动时，经过反复多次吸附-解吸的分配过程，各组分在移动速度上产生较大的差别，被分离成单个组分依次从柱内流出，通过检测器时，样品浓度被转换成电信号传送到记录仪，数据以图谱形式打印出来。

三、仪器与试剂

（一）仪器

(1) 高效液相色谱仪。

(2) 电子分析天平。

(3) 容量瓶：100mL。

(4) 一次性塑料滴管。

（二）试剂

(1) MC-LR 标准溶液（100μg/L）。

(2) 甲醇：色谱纯。

(3) 三氟乙酸水溶液（1g/L）：准确称取 0.1000g 三氟乙酸溶于水中，移至 100mL 容量瓶中，用水定容至标线，摇匀，配成 1g/L 三氟乙酸水溶液。

(4) 去离子水。

四、实验步骤

（一）标准系列溶液的配制

分别准确移取 100μg/L MC-LR 标准溶液 0.0mL、1.0mL、2.5mL、5.0mL、7.5mL、10.0mL 置于 100mL 容量瓶中，用水定容至标线，摇匀。此标准系列 MC-LR 浓度分别为 0.0μg/L、1.0μg/L、2.5μg/L、5.0μg/L、7.5μg/L、10.0μg/L。

（二）样品的准备

采样后，放置 15min，经 0.45μm 滤膜过滤后，以待测试。

（三）HPLC 测定 MC-LR 的浓度

HPLC 参数设置：色谱柱为 C_{18}（250mm×4.6mm，5μm）；检测器的波长设置为 238nm；流动相为三氟乙酸水溶液和甲醇（15:85，体积比），使用前经 0.45μm 滤膜过滤并超声脱气；进样量为 10μL；流速为 1.0mL/min，柱温 35℃。

依次测定标准系列溶液中 MC-LR 浓度，读取保留时间和峰面积 Y_1。

相同条件下，测定水样中 MC-LR 浓度，读取保留时间和峰面积 Y_2。

五、数据处理

以已知的标准溶液浓度 X（μg/L）和测定的标准溶液峰面积 Y_1（表 33-1）绘制标准曲

线，并拟合得到回归系数 R^2 以及回归方程 $y = ax \pm b$。

表 33-1　标准系列 MC-LR 溶液对应的峰面积 Y_1

编号	1	2	3	4	5	6
MC-LR 浓度/(μg/L)	0.0	1.0	2.5	5.0	7.5	10.0
峰面积 Y_1/(mAU·s)						

注：$R^2 > 0.999$ 表明拟合程度较好，$R^2 < 0.999$ 不可进行样品分析，须重制标线。

根据水样的峰面积 Y_2，得到水样中 MC-LR 的浓度。

六、思考题

（1）为什么需要 MC-LR 标准溶液来绘制标准曲线？

（2）不同环境条件（如温度、光照、pH 值等）对微囊藻毒素产生的影响是什么？

（3）评价被测水体中 MC-LR 是否符合饮用水安全。

实验 34　碳基单原子催化剂氧化去除铜绿微囊藻和藻毒素

蓝藻水华的频繁暴发已成为全球范围内众多河流与湖泊面临的严峻水污染挑战之一，直接威胁到饮用水安全及人类健康，因此，探索并实施安全、高效且经济的水体中蓝藻清除策略，已成为全球关注的焦点与迫切需求。目前，常用的除藻技术主要包括物理法、生物法和化学法，物理除藻过程包括机械打捞、紫外辐射、超声和气浮法等。在处理水量有限的情况下，物理法可以起到一定的抑制作用，但普遍存在能耗和投入成本较高、地理条件受限、作用范围有限等不足，多适用于小型水体。生物法一般通过自然生态系统中生物之间的食物链关系和共生原则，改变生物群落结构，从而达到控制和杀死藻类、恢复水体健康的目的。生物法具有处理技术成本相对较低、无二次污染等特点，但效果不稳定，处理周期长。化学法主要是在含藻水体中投加化学试剂，通过化学氧化、混凝沉淀等方式破坏藻细胞活性或杀死藻细胞，达到"藻水分离"的目的。常用的化学方法包括除藻剂法、混凝沉淀法、传统氧化法和高级氧化法。化学法具有操作简单、实用性强、成本低廉、见效快等特点，是目前应用最广泛、最成熟的除藻技术之一。

近年来，基于过硫酸盐的高级氧化技术以其强氧化能力、高效性与稳定性、环境友好性、灵活性与可调整性、经济性以及操作简便等优点，在水处理领域展现出了巨大的应用潜力和广阔的市场前景。然而，传统非均相催化剂中的活性金属大多以纳米颗粒或原子团簇的形式存在，而催化过程通常发生在催化剂表面，这就导致催化剂活性组分利用率低、稳定性差及氧化剂利用率低等问题，限制了该技术的实际应用。单原子催化剂（single-atom catalysts，SACs）是一种新兴的先进催化剂，其特点是单个金属位点通过强配位以原子形式分散在合适的载体上，由于高原子利用效率和均质的电子结构而备受关注。研究表明，各种碳材料因其固有的结构稳定性和优异的导电性，可用作载体来提高金属基催化剂的催化性能，如金属可通过与四个氮原子配位固定在碳基材料上。类石墨相氮化碳（g-C_3N_4），作为一种高度稳定的共轭聚合物，由地球上丰富的碳与氮元素构成。它不仅可源自低成本原料（如氰胺、尿素及三聚氰胺）通过简便方法制备，还允许通过灵活的功能化策略对其结构进行精准调控，展现出极高的应用潜力与多样性。

一、实验目的

（1）了解常用的除藻技术。

（2）理解过硫酸盐催化氧化技术的除藻机理。

二、实验原理

在过硫酸盐催化氧化技术中，混凝和氧化过程往往相互协同，共同作用于铜绿微囊藻和藻毒素的去除。首先，催化剂通过吸附和桥联作用，将分散在水中的藻细胞聚集成较大的团块，进而通过沉淀或过滤等方式去除。此外，碳基单原子催化剂具有独特的电子结构和催化活性，能够活化过硫酸盐产生强氧化性自由基（如羟基自由基、硫酸根自由基等），这些自由基能够穿透藻细胞壁，破坏细胞内的生物分子结构，导致藻细胞死亡并释放藻毒素。同时，自由基还能进一步氧化降解藻毒素，将其转化为无毒或低毒的产物。

三、仪器与试剂

（一）仪器

（1）显微镜。

（2）血细胞计数板。

（3）盖玻片。

（4）一次性塑料滴管。

（5）磁力搅拌器。

（6）电子分析天平。

（7）高效液相色谱仪。

（8）量筒：100mL。

（9）烧杯：250mL。

（10）容量瓶：100mL。

（11）一次性注射器：5mL。

（12）一次性针式过滤器：0.45μm。

（二）试剂

（1）铜绿微囊藻藻液（参考实验30）。

（2）碳基单原子锰催化剂（SA-MCN，参考实验5）。

（3）过硫酸氢钾溶液（PMS，10g/L）：准确称取1.0000g过硫酸氢钾溶于水，移至100mL容量瓶中，用水定容至标线，摇匀，现配现用。

（4）三氟乙酸水溶液（1g/L）：准确称取0.1000g三氟乙酸溶于水中，移至100mL容量瓶中，用水定容至标线，摇匀，配成1g/L三氟乙酸水溶液。

（5）甲醇：色谱纯。

（6）去离子水。

四、实验步骤

（1）分别用量筒移取100mL对数生长期的铜绿微囊藻藻液置于4组烧杯（♯1、♯2、♯3、♯4）中，向♯3、♯4烧杯中分别加入50mg SA-MCN催化剂，磁力搅拌条件下，缓慢搅拌 30min 以达到吸附-解吸平衡。吸附结束后，立刻在藻液面下 2cm 处用滴管取样 1mL，采用血细胞计数板法测定藻细胞密度（参考实验 31），同时取样 3mL，立刻通过 0.45μm 滤膜过滤，并用 200μL 甲醇进行淬灭，以待测试藻毒素 MC-LR（参考实验 33）。

（2）向上述 4 组烧杯中各加入 1mL 的 10g/L 过硫酸氢钾溶液，以开启催化反应，每隔 10min 在藻液面下 2cm 处用滴管取样 1mL，采用血细胞计数板法测定藻细胞密度，同时取样 3mL，立刻通过 0.45μm 滤膜过滤，并用 200μL 甲醇进行淬灭，以待测试藻毒素 MC-LR。为模拟混凝过程，本实验采用高速-低速-静置搅拌方式，依次以 250r/min 和 40r/min 分别搅拌 10min，而后静置 40min，总反应时间为 60min。

五、数据处理

（1）将碳基单原子锰催化剂氧化去除铜绿微囊藻实验中藻密度的数据填至表 34-1 中。

表 34-1 藻密度 单位：10^6 个/mL

取样次数	1	2	3	4	5	6	7	8
取样时间	原液	吸附 30min	催化 10min	催化 20min	催化 30min	催化 40min	催化 50min	催化 60min
#1 烧杯								
#2 烧杯								
#3 烧杯								
#4 烧杯								

（2）将碳基单原子锰催化剂氧化去除铜绿微囊藻实验中 MC-LR 的数据填至表 34-2 中。

表 34-2 MC-LR 浓度 单位：μg/L

取样次数	1	2	3	4	5	6	7	8
取样时间	原液	吸附 30min	催化 10min	催化 20min	催化 30min	催化 40min	催化 50min	催化 60min
#1 烧杯								
#2 烧杯								
#3 烧杯								
#4 烧杯								

（3）藻细胞去除率（%）：

$$R_e = \frac{(C_0 - C_t)}{C_0} \times 100\%$$

式中 R_e——藻细胞去除率，%；

C_t——t 时刻藻细胞密度，10^6 个/mL；

C_0——原液中藻细胞密度，10^6 个/mL。

（4）MC-LR 去除率（%）：

$$\eta = \frac{C_0 - C_t}{C_0} \times 100\% = \frac{Y_0 - Y_t}{Y_0} \times 100\%$$

式中 η——MC-LR 去除率，%；

C_t——t 时刻 MC-LR 的浓度，μg/L；

C_0——原液中 MC-LR 的浓度，μg/L；

Y_t——t 时刻 MC-LR 的峰面积；

Y_0——原液中 MC-LR 的峰面积。

六、思考题

（1）评价过硫酸盐催化氧化技术的除藻效果。

（2）简要分析该技术在实际应用中的挑战与前景。

第八章
环境催化材料在微塑料去除方面的应用

实验 35　环境水体中微塑料的检测与分析

塑料制品作为高分子聚合物材料，具有质量轻、强度高、坚固耐用、价格低廉等优点，被广泛应用于工业、商业和家庭领域。其中，聚乙烯（PE）、聚对苯二甲酸乙二醇酯（PET）、聚丙烯（PP）、聚苯乙烯（PS）和聚氯乙烯（PVC）等是最常用的塑料类型。值得注意的是，塑料垃圾在环境中经过长时间的光照、侵蚀、风化等作用分解成小碎片或颗粒，直径小于 5 毫米的塑料碎片或纤维称为微塑料（MPs），广泛存在于水、土壤和大气等各种环境介质中。微塑料来源主要分为初生微塑料和次生微塑料。初生微塑料是工业生产中直接制成的微小颗粒，如化妆品中的微珠；而次生微塑料是由大型塑料制品在自然环境中分解而成的。微塑料难以降解，能够在环境中长期积累，通过食物链进入生物体内，对生态环境和人类健康构成严重威胁。研究表明，微塑料还携带有害化学物质，如塑化剂、双酚 A 等，这些物质在生物体内积累后，可能引发内分泌干扰、生殖和发育问题等健康风险。

随着研究的深入，微塑料的检测与分析技术也在不断发展。目前，常用的检测技术包括显微镜观察、傅里叶变换红外光谱法、拉曼光谱法等，主要流程包括样品采集、前处理、分离、检测与鉴定以及定量分析。这些技术能够高效地识别和定量分析环境样品中的微塑料成分。

一、实验目的

（1）了解微塑料的种类及危害。

（2）掌握尼罗红染色法检测分析微塑料的方法。

二、实验原理

尼罗红（nile red，NR）是一种亲脂性、耐光的荧光染料，其分子式为 $C_{20}H_{18}N_2O_2$，分子量是 318.37。尼罗红在疏水（富含脂质）环境中能够发出强烈荧光，而在水性介质中荧光相对较弱。这一特性使得尼罗红染料能够吸附在塑料表面，特别是富含脂质或具有疏水性质的塑料表面。这种吸附作用使得尼罗红能够标记并突出显示微塑料颗粒。在蓝色或其他特定光源的照射下，吸附在微塑料表面的尼罗红会发出荧光。这种荧光信号可以通过荧光显微镜或其他荧光检测设备进行观察和记录。

三、仪器与试剂

（一）仪器

（1）荧光倒置显微镜。

（2）水浴恒温振荡器。

（3）真空过滤装置。

（4）真空干燥箱。

（5）恒温加热板。

（6）电子分析天平。

（7）量筒：100mL、500mL。

（8）烧杯：500mL。

（9）容量瓶：50mL。

（10）培养皿。

（11）有机滤膜：$0.22\mu m$、$100\mu m$。

（二）试剂

（1）河水水样：250mL。

（2）过氧化氢（30％）。

（3）饱和氯化钠溶液。

（4）丙酮。

（5）二甲基亚砜（DMSO）。

（6）尼罗红溶液（10mg/L）：准确称量0.5000mg NR溶于丙酮中，移入50mL容量瓶中，用丙酮定容至标线，摇匀。

（7）去离子水。

四、实验步骤

（一）微塑料样品准备

（1）为了消除环境水体中有机物对微塑料观察的影响，将采集的水样进行消解预处理。将250mL河水水样置于烧杯中，按照体积比10∶1加入30％过氧化氢，于60℃恒温振荡器（100r/min）中消解12h。

（2）将消解过后的水样与高密度的饱和氯化钠溶液等比例混合，充分振荡、搅拌混合均匀，随后静置沉淀24h。微塑料颗粒由于密度小于饱和氯化钠溶液，会浮到上层溶液中。最后收集上层溶液。

（3）将收集到的上层溶液置于$100\mu m$滤膜上进行真空过滤，以截留微塑料颗粒。注意在过滤过程中要避免滤膜破裂或污染。

（4）将过滤得到的滤膜放入干净的培养皿中，置于30℃真空干燥箱中干燥处理24h。干燥后的样品应妥善保存，避免受潮或污染。

（二）微塑料检测与分析

（1）将处理好的微塑料样品分散在50mL的去离子水和二甲基亚砜混合溶液（体积比为1∶1）中，使得微塑料颗粒均匀分散。

（2）将混合溶液加热到50℃后，加入1mL NR溶液，并在此温度下进行染色30min。

（3）染色完毕后，将混合溶液放入冰水中快速冷却至室温，冷却后的溶液置于聚四氟乙烯（PTFE，$0.22\mu m$，47mm）滤膜上进行真空过滤，并用适量去离子水冲洗三遍。

（4）在543nm激发波长下，通过荧光倒置显微镜观察被NR染色的微塑料颗粒，记录微塑料颗粒的个数和形状特征，计算微塑料颗粒浓度。

五、数据处理

将所观察到的微塑料信息填至表 35-1 中。

表 35-1　微塑料信息

微塑料颗粒数量/个	
水样体积/mL	
微塑料浓度/(个/mL)	
微塑料形状特征描述	

六、思考题

(1) 在微塑料颗粒染色过程中，混合溶液温度和染色时间是否影响染色结果？为什么？

(2) 如何避免实验过程中微塑料颗粒被污染？

实验 36　TiO₂ 光催化氧化微塑料颗粒的形貌分析

目前，微塑料去除技术主要包括物理分离、化学降解、生物降解以及新兴技术等。

物理分离技术主要利用微塑料的物理特性（密度、大小、表面亲疏水等），通过筛分、过滤、吸附等方式将微塑料与其他物质分离。这种技术操作简便，易于实施，能够迅速将微塑料从水体中分离出来。然而，其去除效率相对较低，特别是对于纳米级别的微塑料，难以有效去除。此外，物理分离技术还可能产生二次污染，如筛分和过滤过程中产生的废渣需要妥善处理。

化学降解技术主要通过催化降解微塑料为环境友好的有机物（二氧化碳和水）或者催化回收和将塑料废物升级为单体、燃料和增值化学品这两种思路对微塑料进行去除。与物理去除法不同，化学去除法通过完全破坏微塑料的化学键，使其彻底降解为无毒无害的物质或者单体物质，例如高级氧化技术、光催化技术。但是，化学药剂的使用成本较高，且使用不当可能会对环境造成二次污染。因此，在实际应用中需要谨慎选择化学试剂和反应条件。

生物降解技术是一种环境友好的处理方法，利用微生物将微塑料降解成气体、水和对生物体无害的物质。这种方法在土壤和水体中的微塑料处理中应用较多，且对环境的影响较小。然而，生物降解速度相对较慢，且降解过程受环境因素影响较大，难以精确控制。因此，在实际应用中需要结合具体情况进行选择和优化。

近年来，一些新兴技术也被应用于微塑料的去除中。例如，磁分离技术通过在微塑料溶液中添加磁性颗粒与微塑料结合，并利用外加磁场对磁性颗粒与微塑料的复合体进行有效分离回收。放电等离子体技术通过在原位产生反应性物质，可以迅速破坏微塑料的化学键，将其降解为更小的分子。

一、实验目的

(1) 了解光催化氧化技术破坏微塑料颗粒形貌的机理。

(2) 掌握微塑料颗粒形貌的分析方法。

二、实验原理

在催化氧化过程中，催化剂在光照或加热条件下，能够激活氧化反应，产生具有强氧化性的自由基或离子，从而攻击微塑料颗粒表面。以半导体材料 TiO_2 为例，当受到外界加热或光照时，其价带中的电子被激发跃迁到导带，形成光生载流子（电子-空穴对）。空穴（h^+）具有强氧化性，可以直接与微塑料表面的有机物发生氧化反应。同时，电子（e^-）与溶液中的溶解氧或水分子反应，生成超氧自由基（$\cdot O_2^-$）或羟基自由基（$\cdot OH$）等强氧化性自由基。这些自由基进一步与微塑料表面的有机物反应，加速其氧化降解过程。

氧化作用是微塑料在催化氧化过程中碎化增生的关键。随着氧化反应的进行，微塑料颗粒表面的有机物逐渐被氧化降解，导致颗粒表面变得粗糙、多孔，甚至发生宏观断裂。此外，氧化反应还会使微塑料颗粒表面更易吸附水体中的有机污染物，形成起到保护作用的包裹层。然而，在足够的氧化条件下，这些包裹层也会被进一步氧化剥落，暴露出更多的塑料颗粒表面。

三、仪器与试剂

（一）仪器

（1）日立台式扫描电子显微镜 TM3000。

（2）电子分析天平。

（3）磁力搅拌器。

（4）pH 计。

（5）光催化暗反应箱。

（6）离心机。

（7）真空过滤装置。

（8）烘箱。

（9）有机滤膜：$0.22\mu m$。

（10）量筒：50mL。

（11）烧杯：50mL、100mL。

（12）容量瓶：100mL、250mL。

（13）培养皿。

（二）试剂

（1）聚丙烯微塑料（PP，1mm）。

（2）TiO_2 光催化剂。

（3）醋酸钠缓冲溶液：准确称量 102g 醋酸钠溶于水中，用冰醋酸调节 pH 值至 5.2，移入 250mL 容量瓶中，用水定容至标线，摇匀。

（4）盐酸溶液（HCl，1mol/L）：准确移取 5mL 浓盐酸（37%，约为 12mol/L）于 100mL 烧杯中，边搅拌边沿烧杯内壁缓缓加入 55mL 去离子水，继续搅拌均匀，配成 1mol/L 盐酸溶液。

（5）氢氧化钠溶液（NaOH，1mol/L）：准确称取 4.0000g 氢氧化钠溶于水中，待溶液冷却后移至 100mL 容量瓶中，用水定容至标线，摇匀，配成 1mol/L 氢氧化钠溶液。

（6）去离子水。

四、实验步骤

（1）分别称量 200mg 聚丙烯微塑料和 200mg TiO_2 光催化剂加入 5 组烧杯（＃1、＃2、＃3、＃4、＃5）中，磁力搅拌条件下，各加入 100mL 醋酸钠缓冲溶液形成悬浊液。

（2）用 1mol/L 的 HCl 溶液或 NaOH 溶液将悬浊液 pH 值分别调整为 3、5、7、9 和 11。

（3）在室温条件下，将悬浊液通过磁力搅拌器持续搅拌（600r/min）48h，使得 TiO_2 光催化剂充分附着在聚丙烯微塑料小球表面。

（4）将搅拌好的悬浊液放置在密闭的光催化暗反应箱中，光照强度为 $5kW \cdot h/m^2$，光照时间为 48h，其间保持 600r/min 的磁力搅拌状态。

（5）反应结束后，将悬浊液进行离心分离，而后通过 $0.22\mu m$ 有机系滤膜，并用去离子水冲洗干净，滤膜放入培养皿中，置于 60℃烘箱中干燥 12h。

（6）采用扫描电子显微镜（SEM）对光催化反应前后的微塑料颗粒进行表征（参考实验 9），观察微塑料颗粒的形貌变化。

五、数据处理

获取微塑料颗粒光催化反应前后的 SEM 图谱，对比分析微塑料颗粒形貌变化。

六、思考题

（1）实验中如何控制变量以确保实验结果的准确性？

（2）TiO_2 光催化氧化条件下，不同类型微塑料颗粒（如聚乙烯、聚苯乙烯等）的形貌变化有何异同？

实验 37　TiO_2 光催化氧化微塑料颗粒的产物分析

在自然环境中，塑料的风化老化过程深刻影响着水体中塑料的归宿与迁移。这一过程涉及非生物与生物因素的共同作用，导致塑料逐渐失去完整性，具体包括机械磨损、光氧化、光热氧化、水解及生物降解等多种机制。其中，光氧化作为多数塑料降解的关键路径，其反应历经三个阶段：首先，聚合物中的不饱和键或添加剂吸收紫外光能量，诱导自由基的生成；随后，这些自由基参与氧化反应，引发聚合物链的断裂或交联；最终，当自由基之间结合形成稳定产物时，光氧化反应得以终止。值得注意的是，微塑料的非生物降解阶段反而促进了微生物的附着与生长，形成了独特的塑料圈生态系统，进而加速了微塑料的生物降解过程。此外，在老化进程中，微塑料还会释放出溶解态有机物（DOC），这些物质在生物地球化学循环中占据重要地位，其释放与转化可能对全球碳循环产生不可忽视的影响。

一、实验目的

（1）了解微塑料颗粒释放溶解态有机物的机理。

（2）掌握溶解态有机物的检测分析方法。

二、实验原理

催化氧化技术降解微塑料的产物主要取决于所使用的催化剂类型、反应条件以及微塑料的化学成分。一般来说，催化氧化技术降解微塑料的产物可以分为以下几类。

完全矿化产物：在理想条件下，催化氧化降解过程可以将微塑料完全矿化为水（H_2O）和二氧化碳（CO_2）。这是最高效、最彻底的降解方式，对环境无害。

低毒性有机分子：在某些情况下，微塑料可能无法被完全矿化，而是降解为一些毒性较低的有机分子。这些有机分子通常比原始微塑料更易于被生物降解或利用，例如成为藻类等水生生物的碳源。

特定化学品：对于某些特定的催化氧化体系，微塑料可能降解为特定的化学品，如苯甲酸、甲酸等。这些化学品的产生取决于催化剂的种类和反应条件。

未完全降解的残留物：在某些降解过程中，由于反应条件不足或催化剂效率不高，可能会产生未完全降解的微塑料残留物。这些残留物仍然可能对环境造成危害。

值得注意的是，催化氧化技术降解微塑料的产物并非一成不变，而是受到多种因素的影响。例如，催化剂的种类和性质及反应体系的温度、压力、pH 值以及微塑料的种类和尺寸等都会影响降解产物的种类和分布。在实际应用中，为了提高催化氧化技术降解微塑料的效率和产物的可控性，研究者们通常会优化催化剂的设计、反应条件以及降解工艺。同时，关注降解产物的环境影响和后续处理问题，以确保整个降解过程的环境友好性和可持续性。

三、仪器与试剂

（一）仪器

（1）总有机碳分析仪。

（2）电子分析天平。

（3）磁力搅拌器。

（4）pH 计。

（5）光催化暗反应箱。

（6）真空过滤装置。

（7）烘箱。

（8）有机滤膜：$0.22\mu m$。

（9）量筒：50mL、100mL。

（10）烧杯：50mL、100mL。

（11）容量瓶：100mL、250mL。

（12）培养皿。

（二）试剂

（1）聚丙烯微塑料（PP，1mm）。

（2）TiO_2 光催化剂。

（3）醋酸钠缓冲溶液：准确称量 102g 醋酸钠溶于水中，用冰醋酸调节 pH 值至 5.2，移入 250mL 容量瓶中，用水定容至标线，摇匀。

（4）盐酸溶液（HCl，1mol/L）：准确移取 5mL 浓盐酸（37%，约为 12mol/L）于 100mL 烧杯中，边搅拌边沿烧杯内壁缓缓加入 55mL 去离子水，继续搅拌均匀，配成 1mol/L

盐酸溶液。

（5）氢氧化钠溶液（NaOH，1mol/L）：准确称取 4.0000g 氢氧化钠溶于水中，待溶液冷却后移至 100mL 容量瓶中，用水定容至标线，摇匀，配成 1mol/L 氢氧化钠溶液。

（6）饱和氯化钠溶液。

（7）去离子水。

四、实验步骤

（1）分别称量 200mg 聚丙烯微塑料和 200mg TiO_2 光催化剂，磁力搅拌条件下，加入 100mL 醋酸钠缓冲溶液形成悬浊液。

（2）用 1mol/L 的 HCl 溶液或 NaOH 溶液将悬浊液 pH 值调整为 3。

（3）在室温条件下，将悬浊液通过磁力搅拌器持续搅拌（600r/min）48h，使得 TiO_2 光催化剂充分附着在聚丙烯微塑料小球表面。

（4）将搅拌好的悬浊液放置在密闭的光催化暗反应箱中，光照强度为 $5kW \cdot h/m^2$，光照时间为 48h，其间保持 600r/min 的磁力搅拌状态。

（5）反应开始后，分别于 0h、6h、12h、18h、24h、30h、36h、42h 和 48h 进行取样，取样量 5mL。经过 $0.22\mu m$ 有机系滤膜过滤后，收集滤膜和滤液样品。

（6）将滤膜样品分散于高密度的饱和氯化钠溶液中，充分振荡、搅拌混合均匀，随后静置沉淀 24h。收集上层溶液，经过 $0.22\mu m$ 有机系滤膜过滤，以截留微塑料颗粒。滤膜放入培养皿中，置于 60℃烘箱中干燥 12h，收集微塑料样品。将烘干后的微塑料样品进行称重，计算反应前后微塑料质量的损失。

（7）采用总有机碳（TOC）分析仪对滤液样品进行总有机碳测定，分析微塑料颗粒降解过程中溶解态有机物的浓度变化。

五、数据处理

将光催化反应过程中溶解态有机物的浓度变化和微塑料的质量变化填至表 37-1 中。

表 37-1　溶解态有机物浓度和微塑料质量

取样次数	1	2	3	4	5	6	7	8	9
取样时间/h	0	6	12	18	24	30	36	42	48
DOC 浓度/(mg/L)									
微塑料质量/mg									

六、思考题

（1）在 TiO_2 光催化氧化过程中，哪些因素可能影响微塑料颗粒的降解速率和产物分布？

（2）TiO_2 光催化氧化微塑料颗粒的产物中可能包含哪些类型的化合物？这些产物对环境和生物有何潜在影响？

附　录

附录一：新污染物治理行动方案

发文机关：国务院办公厅。

发文字号：国办发〔2022〕15号。

发布日期：2022年05月24日。

新污染物治理行动方案

有毒有害化学物质的生产和使用是新污染物的主要来源。目前，国内外广泛关注的新污染物主要包括国际公约管控的持久性有机污染物、内分泌干扰物、抗生素等。为深入贯彻落实党中央、国务院决策部署，加强新污染物治理，切实保障生态环境安全和人民健康，制定本行动方案。

一、总体要求

（一）指导思想

以习近平新时代中国特色社会主义思想为指导，全面贯彻党的十九大和十九届历次全会精神，深入贯彻习近平生态文明思想，立足新发展阶段，完整、准确、全面贯彻新发展理念，构建新发展格局，推动高质量发展，以有效防范新污染物环境与健康风险为核心，以精准治污、科学治污、依法治污为工作方针，遵循全生命周期环境风险管理理念，统筹推进新污染物环境风险管理，实施调查评估、分类治理、全过程环境风险管控，加强制度和科技支撑保障，健全新污染物治理体系，促进以更高标准打好蓝天、碧水、净土保卫战，提升美丽中国、健康中国建设水平。

（二）工作原则

——科学评估，精准施策。开展化学物质调查监测，科学评估环境风险，精准识别环境风险较大的新污染物，针对其产生环境风险的主要环节，采取源头禁限、过程减排、末端治理的全过程环境风险管控措施。

——标本兼治，系统推进。"十四五"期间，对一批重点管控新污染物开展专项治理。同时，系统构建新污染物治理长效机制，形成贯穿全过程、涵盖各类别、采取多举措的治理体系，统筹推动大气、水、土壤多环境介质协同治理。

——健全体系，提升能力。建立健全管理制度和技术体系，强化法治保障。建立跨部门协调机制，落实属地责任。强化科技支撑与基础能力建设，加强宣传引导，促进社会共治。

（三）主要目标

到 2025 年，完成高关注、高产（用）量的化学物质环境风险筛查，完成一批化学物质环境风险评估；动态发布重点管控新污染物清单；对重点管控新污染物实施禁止、限制、限排等环境风险管控措施。有毒有害化学物质环境风险管理法规制度体系和管理机制逐步建立健全，新污染物治理能力明显增强。

二、行动举措

（一）完善法规制度，建立健全新污染物治理体系

1. 加强法律法规制度建设。研究制定有毒有害化学物质环境风险管理条例。建立健全化学物质环境信息调查、环境调查监测、环境风险评估、环境风险管控和新化学物质环境管理登记、有毒化学品进出口环境管理等制度。加强农药、兽药、药品、化妆品管理等相关制度与有毒有害化学物质环境风险管理相关制度的衔接。（生态环境部、农业农村部、市场监管总局、国家药监局等按职责分工负责）

2. 建立完善技术标准体系。建立化学物质环境风险评估与管控技术标准体系，制定修订化学物质环境风险评估、经济社会影响分析、危害特性测试方法等标准。完善新污染物环境监测技术体系。（生态环境部牵头，工业和信息化部、国家卫生健康委、市场监管总局等按职责分工负责）

3. 建立健全新污染物治理管理机制。建立生态环境部门牵头，发展改革、科技、工业和信息化、财政、住房城乡建设、农业农村、商务、卫生健康、海关、市场监管、药监等部门参加的新污染物治理跨部门协调机制，统筹推进新污染物治理工作。加强部门联合调查、联合执法、信息共享，加强法律、法规、制度、标准的协调衔接。按照国家统筹、省负总责、市县落实的原则，完善新污染物治理的管理机制，全面落实新污染物治理属地责任。成立新污染物治理专家委员会，强化新污染物治理技术支撑。（生态环境部牵头，国家发展改革委、科技部、工业和信息化部、财政部、住房城乡建设部、农业农村部、商务部、国家卫生健康委、海关总署、市场监管总局、国家药监局等按职责分工负责，地方各级人民政府负责落实。以下均需地方各级人民政府落实，不再列出）

（二）开展调查监测，评估新污染物环境风险状况

1. 建立化学物质环境信息调查制度。开展化学物质基本信息调查，包括重点行业中重点化学物质生产使用的品种、数量、用途等信息。针对列入环境风险优先评估计划的化学物质，进一步开展有关生产、加工使用、环境排放数量及途径、危害特性等详细信息调查。2023 年年底前，完成首轮化学物质基本信息调查和首批环境风险优先评估化学物质详细信息调查。（生态环境部负责）

2. 建立新污染物环境调查监测制度。制定实施新污染物专项环境调查监测工作方案。依托现有生态环境监测网络，在重点地区、重点行业、典型工业园区开展新污染物环境调查监测试点。探索建立地下水新污染物环境调查、监测及健康风险评估技术方法。2025 年年底前，初步建立新污染物环境调查监测体系。（生态环境部负责）

3. 建立化学物质环境风险评估制度。研究制定化学物质环境风险筛查和评估方案，完善评估数据库，以高关注、高产（用）量、高环境检出率、分散式用途的化学物质为重点，开展环境与健康危害测试和风险筛查。动态制定化学物质环境风险优先评估计划和优先控制

化学品名录。2022年年底前，印发第一批化学物质环境风险优先评估计划。（生态环境部、国家卫生健康委等按职责分工负责）

4. 动态发布重点管控新污染物清单。针对列入优先控制化学品名录的化学物质以及抗生素、微塑料等其他重点新污染物，制定"一品一策"管控措施，开展管控措施的技术可行性和经济社会影响评估，识别优先控制化学品的主要环境排放源，适时制定修订相关行业排放标准，动态更新有毒有害大气污染物名录、有毒有害水污染物名录、重点控制的土壤有毒有害物质名录。动态发布重点管控新污染物清单及其禁止、限制、限排等环境风险管控措施。2022年发布首批重点管控新污染物清单。鼓励有条件的地区在落实国家任务要求的基础上，参照国家标准和指南，先行开展化学物质环境信息调查、环境调查监测和环境风险评估，因地制宜制定本地区重点管控新污染物补充清单和管控方案，建立健全有关地方政策标准等。（生态环境部牵头，工业和信息化部、农业农村部、商务部、国家卫生健康委、海关总署、市场监管总局、国家药监局等按职责分工负责）

（三）严格源头管控，防范新污染物产生

1. 全面落实新化学物质环境管理登记制度。严格执行《新化学物质环境管理登记办法》，落实企业新化学物质环境风险防控主体责任。加强新化学物质环境管理登记监督，建立健全新化学物质登记测试数据质量监管机制，对新化学物质登记测试数据质量进行现场核查并公开核查结果。建立国家和地方联动的监督执法机制，按照"双随机、一公开"原则，将新化学物质环境管理事项纳入环境执法年度工作计划，加大对违法企业的处罚力度。做好新化学物质和现有化学物质环境管理衔接，完善《中国现有化学物质名录》。（生态环境部负责）

2. 严格实施淘汰或限用措施。按照重点管控新污染物清单要求，禁止、限制重点管控新污染物的生产、加工使用和进出口。研究修订《产业结构调整指导目录》，对纳入《产业结构调整指导目录》淘汰类的工业化学品、农药、兽药、药品、化妆品等，未按期淘汰的，依法停止其产品登记或生产许可证核发。强化环境影响评价管理，严格涉新污染物建设项目准入管理。将禁止进出口的化学品纳入禁止进（出）口货物目录，加强进出口管控；将严格限制用途的化学品纳入《中国严格限制的有毒化学品名录》，强化进出口环境管理。依法严厉打击已淘汰持久性有机污染物的非法生产和加工使用。（国家发展改革委、工业和信息化部、生态环境部、农业农村部、商务部、海关总署、市场监管总局、国家药监局等按职责分工负责）

3. 加强产品中重点管控新污染物含量控制。对采取含量控制的重点管控新污染物，将含量控制要求纳入玩具、学生用品等相关产品的强制性国家标准并严格监督落实，减少产品消费过程中造成的新污染物环境排放。将重点管控新污染物限值和禁用要求纳入环境标志产品和绿色产品标准、认证、标识体系。在重要消费品环境标志认证中，对重点管控新污染物进行标识或提示。（工业和信息化部、生态环境部、农业农村部、市场监管总局等按职责分工负责）

（四）强化过程控制，减少新污染物排放

1. 加强清洁生产和绿色制造。对使用有毒有害化学物质进行生产或者在生产过程中排放有毒有害化学物质的企业依法实施强制性清洁生产审核，全面推进清洁生产改造；企业应采取便于公众知晓的方式公布使用有毒有害原料的情况以及排放有毒有害化学物质的名称、浓度和数量等相关信息。推动将有毒有害化学物质的替代和排放控制要求纳入绿色产品、绿色园区、绿色工厂和绿色供应链等绿色制造标准体系。（国家发展改革委、工业和信息化部、生态环境部、住房城乡建设部、市场监管总局等按职责分工负责）

2. 规范抗生素类药品使用管理。研究抗菌药物环境危害性评估制度，在兽用抗菌药注册登记环节对新品种开展抗菌药物环境危害性评估。加强抗菌药物临床应用管理，严格落实零售药店凭处方销售处方药类抗菌药物。加强兽用抗菌药监督管理，实施兽用抗菌药使用减量化行动，推行凭兽医处方销售使用兽用抗菌药。（生态环境部、农业农村部、国家卫生健康委、国家药监局等按职责分工负责）

3. 强化农药使用管理。加强农药登记管理，健全农药登记后环境风险监测和再评价机制。严格管控具有环境持久性、生物累积性等特性的高毒高风险农药及助剂。2025 年年底前，完成一批高毒高风险农药品种再评价。持续开展农药减量增效行动，鼓励发展高效低风险农药，稳步推进高毒高风险农药淘汰和替代。鼓励使用便于回收的大容量包装物，加强农药包装废弃物回收处理。（生态环境部、农业农村部等按职责分工负责）

（五）深化末端治理，降低新污染物环境风险

1. 加强新污染物多环境介质协同治理。加强有毒有害大气污染物、水污染物环境治理，制定相关污染控制技术规范。排放重点管控新污染物的企事业单位应采取污染控制措施，达到相关污染物排放标准及环境质量目标要求；按照排污许可管理有关要求，依法申领排污许可证或填写排污登记表，并在其中载明执行的污染控制标准要求及采取的污染控制措施。排放重点管控新污染物的企事业单位和其他生产经营者应按照相关法律法规要求，对排放（污）口及其周边环境定期开展环境监测，评估环境风险，排查整治环境安全隐患，依法公开新污染物信息，采取措施防范环境风险。土壤污染重点监管单位应严格控制有毒有害物质排放，建立土壤污染隐患排查制度，防止有毒有害物质渗漏、流失、扬散。生产、加工使用或排放重点管控新污染物清单中所列化学物质的企事业单位应纳入重点排污单位。（生态环境部负责）

2. 强化含特定新污染物废物的收集利用处置。严格落实废药品、废农药以及抗生素生产过程中产生的废母液、废反应基和废培养基等废物的收集利用处置要求。研究制定含特定新污染物废物的检测方法、鉴定技术标准和利用处置污染控制技术规范。（生态环境部、农业农村部等按职责分工负责）

3. 开展新污染物治理试点工程。在长江、黄河等流域和重点饮用水水源地周边，重点河口、重点海湾、重点海水养殖区，京津冀、长三角、珠三角等区域，聚焦石化、涂料、纺织印染、橡胶、农药、医药等行业，选取一批重点企业和工业园区开展新污染物治理试点工程，形成一批有毒有害化学物质绿色替代、新污染物减排以及污水污泥、废液废渣中新污染物治理示范技术。鼓励有条件的地方制定激励政策，推动企业先行先试，减少新污染物的产生和排放。（工业和信息化部、生态环境部等按职责分工负责）

（六）加强能力建设，夯实新污染物治理基础

1. 加大科技支撑力度。在国家科技计划中加强新污染物治理科技攻关，开展有毒有害化学物质环境风险评估与管控关键技术研究；加强新污染物相关新理论和新技术等研究，提升创新能力；加强抗生素、微塑料等生态环境危害机理研究。整合现有资源，重组环境领域全国重点实验室，开展新污染物相关研究。（科技部、生态环境部、国家卫生健康委等按职责分工负责）

2. 加强基础能力建设。加强国家和地方新污染物治理的监督、执法和监测能力建设。加强国家和区域（流域、海域）化学物质环境风险评估和新污染物环境监测技术支撑保障能力。建设国家化学物质环境风险管理信息系统，构建化学物质计算毒理与暴露预测平台。培育一批符合良好实验室规范的化学物质危害测试实验室。加强相关专业人才队伍建设和专项培训。（生态环境部、国家卫生健康委等部门按职责分工负责）

三、保障措施

（一）加强组织领导

坚持党对新污染物治理工作的全面领导。地方各级人民政府要加强对新污染物治理的组织领导，各省级人民政府是组织实施本行动方案的主体，于 2022 年年底前组织制定本地区新污染物治理工作方案，细化分解目标任务，明确部门分工，抓好工作落实。国务院各有关部门要加强分工协作，共同做好新污染物治理工作，2025 年对本行动方案实施情况进行评估。将新污染物治理中存在的突出生态环境问题纳入中央生态环境保护督察。（生态环境部牵头，有关部门按职责分工负责）

（二）强化监管执法

督促企业落实主体责任，严格落实国家和地方新污染物治理要求。加强重点管控新污染物排放执法监测和重点区域环境监测。对涉重点管控新污染物企事业单位依法开展现场检查，加大对未按规定落实环境风险管控措施企业的监督执法力度。加强对禁止或限制类有毒有害化学物质及其相关产品生产、加工使用、进出口的监督执法。（生态环境部、农业农村部、海关总署、市场监管总局等按职责分工负责）

（三）拓宽资金投入渠道

鼓励社会资本进入新污染物治理领域，引导金融机构加大对新污染物治理的信贷支持力度。新污染物治理按规定享受税收优惠政策。（财政部、生态环境部、税务总局、银保监会等按职责分工负责）

（四）加强宣传引导

加强法律法规政策宣传解读。开展新污染物治理科普宣传教育，引导公众科学认识新污染物环境风险，树立绿色消费理念。鼓励公众通过多种渠道举报涉新污染物环境违法犯罪行为，充分发挥社会舆论监督作用。积极参与化学品国际环境公约和国际化学品环境管理行动，在全球环境治理中发挥积极作用。（生态环境部牵头，有关部门按职责分工负责）

附录二：重点管控新污染物清单（2023 年版）

2022 年 12 月 29 日生态环境部、工业和信息化部、农业农村部、商务部、海关总署、国家市场监督管理总局令第 28 号公布，自 2023 年 3 月 1 日起施行，具体见附表 2-1。

附表 2-1　重点管控新污染物清单

编号	新污染物名称	CAS 号	主要环境风险管控措施
一	全氟辛基磺酸及其盐类和全氟辛基磺酰氟（PFOS 类）	例如： 1763-23-1 307-35-7 2795-39-3 29457-72-5 29081-56-9 70225-14-8 56773-42-3 251099-16-8	1. 禁止生产。 2. 禁止加工使用（以下用途除外）。 用于生产灭火泡沫药剂（该用途的豁免期至 2023 年 12 月 31 日止）。 3. 将 PFOS 类用于生产灭火泡沫药剂的企业，应当依法实施强制性清洁生产审核。 4. 进口或出口 PFOS 类，应办理有毒化学品进（出）口环境管理放行通知单。自 2024 年 1 月 1 日起，禁止进出口。 5. 已禁止使用的，或者所有者申报废弃的，或者有关部门依法收缴或接收且需要销毁的 PFOS 类，根据国家危险废物名录或者危险废物鉴别标准判定属于危险废物的，应当按照危险废物实施环境管理。 6. 土壤污染重点监管单位中涉及 PFOS 类生产或使用的企业，应当依法建立土壤污染隐患排查制度，保证持续有效防止有毒有害物质渗漏、流失、扬散
二	全氟辛酸及其盐类和相关化合物①（PFOA 类）	—	1. 禁止新建全氟辛酸生产装置。 2. 禁止生产、加工使用（以下用途除外）。 (1)半导体制造中的光刻或蚀刻工艺； (2)用于胶卷的摄影涂料； (3)保护工人免受危险液体造成的健康和安全风险影响的拒油拒水纺织品； (4)侵入性和可植入的医疗装置； (5)使用全氟碘辛烷生产全氟溴辛烷，用于药品生产目的； (6)为生产高性能耐腐蚀气体过滤膜、水过滤膜和医疗用布膜，工业废热交换器设备，以及能防止挥发性有机化合物和 $PM_{2.5}$ 颗粒泄漏的工业密封剂等产品而制造聚四氟乙烯（PTFE）和聚偏氟乙烯（PVDF）； (7)制造用于生产输电用高压电线电缆的聚全氟乙丙烯（FEP）。 3. 将 PFOA 类用于上述用途生产的企业，应当依法实施强制性清洁生产审核。 4. 进口或出口 PFOA 类，被纳入中国严格限制的有毒化学品名录的，应办理有毒化学品进（出）口环境管理放行通知单。 5. 已禁止使用的，或者所有者申报废弃的，或者有关部门依法收缴或接收且需要销毁的 PFOA 类，根据国家危险废物名录或者危险废物鉴别标准判定属于危险废物的，应当按照危险废物实施环境管理。 6. 土壤污染重点监管单位中涉及 PFOA 类生产或使用的企业，应当依法建立土壤污染隐患排查制度，保证持续有效防止有毒有害物质渗漏、流失、扬散

编号	新污染物名称	CAS 号	主要环境风险管控措施
三	十溴二苯醚	1163-19-5	1. 禁止生产或加工使用(以下用途除外)。 (1)需具备阻燃特点的纺织产品(不包括服装和玩具); (2)塑料外壳的添加剂及用于家用取暖电器、熨斗、风扇、浸入式加热器的部件,包含或直接接触电器零件,或需要遵守阻燃标准,按该零件重量算密度低于 10%; (3)用于建筑绝缘的聚氨酯泡沫塑料; (4)以上三类用途的豁免期至 2023 年 12 月 31 日止。 2. 将十溴二苯醚用于上述用途生产的企业,应当依法实施强制性清洁生产审核。 3. 进口或出口十溴二苯醚,被纳入中国严格限制的有毒化学品名录的,应办理有毒化学品进(出)口环境管理放行通知单。自2024 年 1 月 1 日起,禁止进出口。 4. 已禁止使用的,或者所有者申报废弃的,或者有关部门依法收缴或接收且需要销毁的十溴二苯醚,根据国家危险废物名录或者危险废物鉴别标准判定属于危险废物的,应当按照危险废物实施环境管理。 5. 土壤污染重点监管单位中涉及十溴二苯醚生产或使用的企业,应当依法建立土壤污染隐患排查制度,保证持续有效防止有毒有害物质渗漏、流失、扬散
四	短链氯化石蜡②	例如: 85535-84-8 68920-70-7 71011-12-6 85536-22-7 85681-73-8 108171-26-2	1. 禁止生产或加工使用(以下用途除外)。 (1)在天然及合成橡胶工业中生产传送带时使用的添加剂; (2)采矿业和林业使用的橡胶输送带的备件; (3)皮革业,尤其是为皮革加脂; (4)润滑油添加剂,尤其用于汽车、发电机和风能设施的发动机以及油气勘探钻井和生产柴油的炼油厂; (5)户外装饰灯管; (6)防水和阻燃油漆; (7)黏合剂; (8)金属加工; (9)柔性聚氯乙烯的第二增塑剂(但不得用于玩具及儿童产品中的加工使用); (10)以上九类用途的豁免期至 2023 年 12 月 31 日止。 2. 将短链氯化石蜡用于上述用途生产的企业,应当依法实施强制性清洁生产审核。 3. 进口或出口短链氯化石蜡,应办理有毒化学品进(出)口环境管理放行通知单。自 2024 年 1 月 1 日起,禁止进出口。 4. 已禁止使用的,或者所有者申报废弃的,或者有关部门依法收缴或接收且需要销毁的短链氯化石蜡,根据国家危险废物名录或者危险废物鉴别标准判定属于危险废物的,应当按照危险废物实施环境管理。 5. 土壤污染重点监管单位中涉及短链氯化石蜡生产或使用的企业,应当依法建立土壤污染隐患排查制度,保证持续有效防止有毒有害物质渗漏、流失、扬散

编号	新污染物名称	CAS 号	主要环境风险管控措施
五	六氯丁二烯	87-68-3	1. 禁止生产、加工使用、进出口。 2. 依据《石油化学工业污染物排放标准》(GB 31571),对涉六氯丁二烯的相关企业,实施达标排放。 3. 已禁止使用的,或者所有者申报废弃的,或者有关部门依法收缴或接收且需要销毁的六氯丁二烯,根据国家危险废物名录或者危险废物鉴别标准判定属于危险废物的,应当按照危险废物实施环境管理。严格落实化工生产过程中含六氯丁二烯的重馏分、高沸点釜底残余物等危险废物管理要求。 4. 土壤污染重点监管单位中涉及六氯丁二烯生产或使用的企业,应当依法建立土壤污染隐患排查制度,保证持续有效防止有毒有害物质渗漏、流失、扬散
六	五氯苯酚及其盐类和酯类	87-86-5 131-52-2 27735-64-4 3772-94-9 1825-21-4	1. 禁止生产、加工使用、进出口。 2. 已禁止使用的,或者所有者申报废弃的,或者有关部门依法收缴或接收且需要销毁的五氯苯酚及其盐类和酯类,根据国家危险废物名录或者危险废物鉴别标准判定属于危险废物的,应当按照危险废物实施环境管理。 3. 土壤污染重点监管单位中涉及五氯苯酚及其盐类和酯类生产或使用的企业,应当依法建立土壤污染隐患排查制度,保证持续有效防止有毒有害物质渗漏、流失、扬散
七	三氯杀螨醇	115-32-2 10606-46-9	1. 禁止生产、加工使用、进出口。 2. 已禁止使用的,或者所有者申报废弃的,或者有关部门依法收缴或接收且需要销毁的三氯杀螨醇,根据国家危险废物名录或者危险废物鉴别标准判定属于危险废物的,应当按照危险废物实施环境管理
八	全氟己基磺酸及其盐类和其相关化合物③(PFHxS类)	—	1. 禁止生产、加工使用、进出口。 2. 已禁止使用的,或者所有者申报废弃的,或者有关部门依法收缴或接收且需要销毁的 PFHxS 类,根据国家危险废物名录或者危险废物鉴别标准判定属于危险废物的,应当按照危险废物实施环境管理
九	得克隆及其顺式异构体和反式异构体	13560-89-9 135821-03-3 135821-74-8	1. 自 2024 年 1 月 1 日起,禁止生产、加工使用、进出口。 2. 已禁止使用的,或者所有者申报废弃的,或者有关部门依法收缴或接收且需要销毁的得克隆及其顺式异构体和反式异构体,根据国家危险废物名录或者危险废物鉴别标准判定属于危险废物的,应当按照危险废物实施环境管理

续表

编号	新污染物名称	CAS 号	主要环境风险管控措施
十	二氯甲烷	75-09-2	1. 禁止生产含有二氯甲烷的脱漆剂。 2. 依据化妆品安全技术规范，禁止将二氯甲烷用作化妆品组分。 3. 依据《清洗剂挥发性有机化合物含量限值》(GB 38508)，水基清洗剂、半水基清洗剂、有机溶剂清洗剂中二氯甲烷、三氯甲烷、三氯乙烯、四氯乙烯含量总和分别不得超过 0.5%、2%、20%。 4. 依据《石油化学工业污染物排放标准》(GB 31571)、《合成树脂工业污染物排放标准》(GB 31572)、《化学合成类制药工业水污染物排放标准》(GB 21904)等二氯甲烷排放管控要求，实施达标排放。 5. 依据《中华人民共和国大气污染防治法》，相关企业事业单位应当按照国家有关规定建设环境风险预警体系，对排放口和周边环境进行定期监测，评估环境风险，排查环境安全隐患，并采取有效措施防范环境风险。 6. 依据《中华人民共和国水污染防治法》，相关企业事业单位应当对排污口和周边环境进行监测，评估环境风险，排查环境安全隐患，并公开有毒有害水污染物信息，采取有效措施防范环境风险。 7. 土壤污染重点监管单位中涉及二氯甲烷生产或使用的企业，应当依法建立土壤污染隐患排查制度，保证持续有效防止有毒有害物质渗漏、流失、扬散。 8. 严格执行土壤污染风险管控标准，识别和管控有关的土壤环境风险
十一	三氯甲烷	67-66-3	1. 禁止生产含有三氯甲烷的脱漆剂。 2. 依据《清洗剂挥发性有机化合物含量限值》(GB 38508)，水基清洗剂、半水基清洗剂、有机溶剂清洗剂中二氯甲烷、三氯甲烷、三氯乙烯、四氯乙烯含量总和分别不得超过 0.5%、2%、20%。 3. 依据《石油化学工业污染物排放标准》(GB 31571)等三氯甲烷排放管控要求，实施达标排放。 4. 依据《中华人民共和国大气污染防治法》，相关企业事业单位应当按照国家有关规定建设环境风险预警体系，对排放口和周边环境进行定期监测，评估环境风险，排查环境安全隐患，并采取有效措施防范环境风险。 5. 依据《中华人民共和国水污染防治法》，相关企业事业单位应当对排污口和周边环境进行监测，评估环境风险，排查环境安全隐患，并公开有毒有害水污染物信息，采取有效措施防范环境风险。 6. 土壤污染重点监管单位中涉及三氯甲烷生产或使用的企业，应当依法建立土壤污染隐患排查制度，保证持续有效防止有毒有害物质渗漏、流失、扬散
十二	壬基酚	25154-52-3 84852-15-3	1. 禁止使用壬基酚作为助剂生产农药产品。 2. 禁止使用壬基酚生产壬基酚聚氧乙烯醚。 3. 依据化妆品安全技术规范，禁止将壬基酚用作化妆品组分

编号	新污染物名称	CAS 号	主要环境风险管控措施
十三	抗生素	—	1. 严格落实零售药店凭处方销售处方药类抗菌药物,推行凭兽医处方销售使用兽用抗菌药物。 2. 抗生素生产过程中产生的抗生素菌渣,根据国家危险废物名录或者危险废物鉴别标准,判定属于危险废物的,应当按照危险废物实施环境管理。 3. 严格落实《发酵类制药工业水污染物排放标准》(GB 21903)、《化学合成类制药工业水污染物排放标准》(GB 21904)相关排放管控要求
十四	已淘汰类	六溴环十二烷: 25637-99-4 / 3194-55-6 / 134237-50-6 / 134237-51-7 / 134237-52-8	1. 禁止生产、加工使用、进出口。 2. 已禁止使用的,或者所有者申报废弃的,或者有关部门依法收缴或接收且需要销毁的已淘汰类新污染物,根据国家危险废物名录或者危险废物鉴别标准判定属于危险废物的,应当按照危险废物实施环境管理。 3. 已纳入土壤污染风险管控标准的,严格执行土壤污染风险管控标准,识别和管控有关的土壤环境风险
		氯丹: 57-74-9	
		灭蚁灵: 2385-85-5	
		六氯苯: 118-74-1	
		滴滴涕: 50-29-3	
		α-六氯环己烷: 319-84-6	
		β-六氯环己烷: 319-85-7	
		林丹: 58-89-9	
		硫丹原药及其相关异构体: 115-29-7 / 959-98-8 / 33213-65-9 / 1031-07-8	
		多氯联苯: —	

注:1. 已淘汰类新污染物的定义范围与《关于持久性有机污染物的斯德哥尔摩公约》中相应化学物质的定义范围一致。

2. CAS 号,即化学文摘社(Chemical Abstracts Service,CAS)登记号。

3. 用于实验室规模的研究或用作参照标准的化学物质不适用于上述有关禁止或限制生产、加工使用或进出口的要求。除非另有规定,在产品和物品中作为无意痕量污染物出现的化学物质不适用于本清单。

4. 未标注期限的条目为国家已明令执行或立即执行。上述主要环境风险管控措施中未作规定,但国家另有其他要求的,从其规定。

5. 加工使用是指利用化学物质进行的生产经营等活动,不包括贸易、仓储、运输等活动和使用含化学物质的物品的活动。

① PFOA 类是指:(ⅰ)全氟辛酸(335-67-1),包括其任何支链异构体;(ⅱ)全氟辛酸盐类;(ⅲ)全氟辛酸相关化合物,即会降解为全氟辛酸的任何物质,包括含有直链或支链全氟基团且其中(C_7F_{15})C 部分作为结构要素之一的任何物质(包括盐类和聚合物)。下列化合物不列为全氟辛酸相关化合物:(ⅰ)C_8F_{17}—X,其中 X=F,Cl,Br;(ⅱ)$CF_3[CF_2]_n$—R′涵盖的含氟聚合物,其中 R′=任何基团,$n>16$;(ⅲ)具有≥8 个全氟化碳原子的全氟烷基羧酸和膦酸(包括其盐类、脂类、卤化物和酸酐);(ⅳ)具有≥9 个全氟化碳原子的全氟烷烃磺酸(包括其盐类、脂类、卤化物和酸酐);(ⅴ)全氟辛基磺酸及其盐类和全氟辛基磺酰氟。

② 短链氯化石蜡是指链长 C_{10} 至 C_{13} 的直链氯化碳氢化合物,且氯含量按重量计超过 48%,其在混合物中的浓度按重量计大于或等于 1%。

③ PFHxS 类是指:(ⅰ)全氟己基磺酸(355-46-4),包括支链异构体;(ⅱ)全氟己基磺酸盐类;(ⅲ)全氟己基磺酸相关化合物,是结构成分中含有 $C_6F_{13}SO_2$—且可能降解为全氟己基磺酸的任何物质。

附录三：生活饮用水卫生标准

安全的饮用水是人类健康的基本保障，是关系国计民生的重要公共健康资源。生活饮用水卫生标准是以保护人群身体健康和保证人类生活质量为出发点，对饮用水中与人群健康相关的各种因素做出量值规定，经国家有关部门批准、发布的法定卫生标准。GB 5749 于 1985 年首次发布，2006 年第一次修订，2022 年为第二次修订。

《生活饮用水卫生标准》（GB 5749—2022）是 2023 年 4 月 1 日实施的一项国家标准，归口于中华人民共和国国家卫生健康委员会。其规定了生活饮用水水质要求、生活饮用水水源水质要求、集中式供水单位卫生要求、二次供水卫生要求、涉及饮用水卫生安全的产品卫生要求、水质检验方法。该标准适用于各类生活饮用水。具体要求见附表 3-1～附表 3-4。

附表 3-1　生活饮用水水质常规指标及限值

序号	指标	限值
	一、微生物指标	
1	总大肠菌群/(MPN/100mL 或 CFU/100mL)①	不应检出
2	大肠埃希氏菌/(MPN/100mL 或 CFU/100mL)①	不应检出
3	菌落总数/(MPN/mL 或 CFU/mL)②	100
	二、毒理指标	
4	砷/(mg/L)	0.01
5	镉/(mg/L)	0.005
6	铬(六价)/(mg/L)	0.05
7	铅/(mg/L)	0.01
8	汞/(mg/L)	0.001
9	氰化物/(mg/L)	0.05
10	氟化物/(mg/L)②	1.0
11	硝酸盐(以 N 计)/(mg/L)②	10
12	三氯甲烷/(mg/L)③	0.06
13	一氯二溴甲烷/(mg/L)③	0.1
14	二氯一溴甲烷/(mg/L)③	0.06
15	三溴甲烷/(mg/L)③	0.1
16	三卤甲烷(三氯甲烷、一氯二溴甲烷、二氯一溴甲烷、三溴甲烷的总和)③	该类化合物中各种化合物的实测浓度与其各自限值的比值之和不超过 1
17	二氯乙酸/(mg/L)③	0.05
18	三氯乙酸/(mg/L)③	0.1
19	溴酸盐/(mg/L)③	0.01
20	亚氯酸盐/(mg/L)③	0.7
21	氯酸盐/(mg/L)③	0.7

序号	指标	限值
三、感官性状和一般化学指标④		
22	色度（铂钴色度单位）/(°)	15
23	浑浊度（散射浑浊度单位）/NTU②	1
24	臭和味	无异臭、异味
25	肉眼可见物	无
26	pH	不小于6.5且不大于8.5
27	铝/(mg/L)	0.2
28	铁/(mg/L)	0.3
29	锰/(mg/L)	0.1
30	铜/(mg/L)	1.0
31	锌/(mg/L)	1.0
32	氯化物/(mg/L)	250
33	硫酸盐/(mg/L)	250
34	溶解性总固体/(mg/L)	1000
35	总硬度（以 $CaCO_3$ 计）/(mg/L)	450
36	高锰酸盐指数（以 O_2 计）/(mg/L)	3
37	氨（以 N 计）/(mg/L)	0.5
四、放射性指标⑤		
38	总 α 放射性/(Bq/L)	0.5（指导值）
39	总 β 放射性/(Bq/L)	1（指导值）

① MPN 表示最可能数；CFU 表示菌落形成单位。当水样检出总大肠菌群时，应进一步检验大肠埃希氏菌；当水样未检出总大肠菌群时，不必检验大肠埃希氏菌。

② 小型集中式供水和分散式供水因水源与净水技术受限时，菌落总数指标限值按 500MPN/mL 或 500CFU/mL 执行，氟化物指标限值按 1.2mg/L 执行，硝酸盐（以 N 计）指标限值按 20mg/L 执行，浑浊度指标限值按 3NTU 执行。

③ 水处理工艺流程中预氧化或消毒方式：

——采用液氯、次氯酸钙及氯胺时，应测定三氯甲烷、一氯二溴甲烷、二氯一溴甲烷、三溴甲烷、三卤甲烷、二氯乙酸、三氯乙酸；

——采用次氯酸钠时，应测定三氯甲烷、一氯二溴甲烷、二氯一溴甲烷、三溴甲烷、三卤甲烷、二氯乙酸、三氯乙酸、氯酸盐；

——采用臭氧时，应测定溴酸盐；

——采用二氧化氯时，应测定亚氯酸盐；

——采用二氧化氯与氯混合消毒剂发生器时，应测定亚氯酸盐、氯酸盐、三氯甲烷、一氯二溴甲烷、二氯一溴甲烷、三溴甲烷、三卤甲烷、二氯乙酸、三氯乙酸；

——当原水中含有上述污染物，可能导致出厂和末梢水的超标风险时，无论采用何种预氧化或消毒方式，都应对其进行测定。

④ 当发生影响水质的突发公共事件时，经风险评估，感官性状和一般化学指标可暂时适当放宽。

⑤ 放射性指标超过指导值（总 β 放射性扣除 ^{40}K 后仍然大于 1Bq/L），应进行核素分析和评价，判定能否饮用。

附表 3-2　生活饮用水消毒剂常规指标及要求

序号	指标	与水接触时间/min	出厂水和末梢水限值/(mg/L)	出厂水余量/(mg/L)	末梢水余量/(mg/L)
40	游离氯①④	≥30	≤2	≥0.3	≥0.05
41	总氯②	≥120	≤3	≥0.5	≥0.05
42	臭氧③	≥12	≤0.3	—	≥0.02　如采用其他协同消毒方式,消毒剂限值及余量应满足相应要求
43	二氧化氯④	≥30	≤0.8	≥0.1	≥0.02

① 采用液氯、次氯酸钠、次氯酸钙消毒方式时,应测定游离氯。

② 采用氯胺消毒方式时,应测定总氯。

③ 采用臭氧消毒方式时,应测定臭氧。

④ 采用二氧化氯消毒方式时,应测定二氧化氯;采用二氧化氯与氯混合消毒剂发生器消毒方式时,应测定二氧化氯和游离氯。两项指标均应满足限值要求,至少一项指标应满足余量要求。

附表 3-3　生活饮用水水质扩展指标及限值

序号	指标	限值
一、微生物指标		
44	贾第鞭毛虫/(个/10L)	<1
45	隐孢子虫/(个/10L)	<1
二、毒理指标		
46	锑/(mg/L)	0.005
47	钡/(mg/L)	0.7
48	铍/(mg/L)	0.002
49	硼/(mg/L)	1.0
50	钼/(mg/L)	0.07
51	镍/(mg/L)	0.02
52	银/(mg/L)	0.05
53	铊/(mg/L)	0.0001
54	硒/(mg/L)	0.01
55	高氯酸盐/(mg/L)	0.07
56	二氯甲烷/(mg/L)	0.02
57	1,2-二氯乙烷/(mg/L)	0.03
58	四氯化碳/(mg/L)	0.002
59	氯乙烯/(mg/L)	0.001
60	1,1-二氯乙烯/(mg/L)	0.03
61	1,2-二氯乙烯(总量)/(mg/L)	0.05
62	三氯乙烯/(mg/L)	0.02
63	四氯乙烯/(mg/L)	0.04

序号	指标	限值
64	六氯丁二烯/(mg/L)	0.0006
65	苯/(mg/L)	0.01
66	甲苯/(mg/L)	0.7
67	二甲苯(总量)/(mg/L)	0.5
68	苯乙烯/(mg/L)	0.02
69	氯苯/(mg/L)	0.3
70	1,4-二氯苯/(mg/L)	0.3
71	三氯苯(总量)/(mg/L)	0.02
72	六氯苯/(mg/L)	0.001
73	七氯/(mg/L)	0.0004
74	马拉硫磷/(mg/L)	0.25
75	乐果/(mg/L)	0.006
76	灭草松/(mg/L)	0.3
77	百菌清/(mg/L)	0.01
78	呋喃丹/(mg/L)	0.007
79	毒死蜱/(mg/L)	0.03
80	草甘膦/(mg/L)	0.7
81	敌敌畏/(mg/L)	0.001
82	莠去津/(mg/L)	0.002
83	溴氰菊酯/(mg/L)	0.02
84	2,4-滴/(mg/L)	0.03
85	乙草胺/(mg/L)	0.02
86	五氯酚/(mg/L)	0.009
87	2,4,6-三氯酚/(mg/L)	0.2
88	苯并[a]芘/(mg/L)	0.00001
89	邻苯二甲酸二(2-乙基己基)酯/(mg/L)	0.008
90	丙烯酰胺/(mg/L)	0.0005
91	环氧氯丙烷/(mg/L)	0.0004
92	微囊藻毒素-LR(藻类暴发情况发生时)/(mg/L)	0.001
三、感官性状和一般化学指标[①]		
93	钠/(mg/L)	200
94	挥发酚类(以苯酚计)/(mg/L)	0.002
95	阴离子合成洗涤剂/(mg/L)	0.3
96	2-甲基异莰醇/(mg/L)	0.00001
97	土臭素/(mg/L)	0.00001

① 当发生影响水质的突发公共事件时，经风险评估，感官性状和一般化学指标可暂时适当放宽。

附表 3-4 生活饮用水水质参考指标及限值

序号	指标	限值
1	肠球菌/(CFU/100mL 或 MPN/100mL)	不应检出
2	产气荚膜梭状芽孢杆菌/(CFU/100mL)	不应检出
3	钒/(mg/L)	0.01
4	氯化乙基汞/(mg/L)	0.0001
5	四乙基铅/(mg/L)	0.0001
6	六六六(总量)/(mg/L)	0.005
7	对硫磷/(mg/L)	0.003
8	甲基对硫磷/(mg/L)	0.009
9	林丹/(mg/L)	0.002
10	滴滴涕/(mg/L)	0.001
11	敌百虫/(mg/L)	0.05
12	甲基硫菌灵/(mg/L)	0.3
13	稻瘟灵/(mg/L)	0.3
14	氟乐灵/(mg/L)	0.02
15	甲霜灵/(mg/L)	0.05
16	西草净/(mg/L)	0.03
17	乙酰甲胺磷/(mg/L)	0.08
18	甲醛/(mg/L)	0.9
19	三氯乙醛/(mg/L)	0.1
20	氯化氰(以 CN^- 计)/(mg/L)	0.07
21	亚硝基二甲胺/(mg/L)	0.0001
22	碘乙酸/(mg/L)	0.02
23	1,1,1-三氯乙烷/(mg/L)	2
24	1,2-二溴乙烷/(mg/L)	0.00005
25	五氯丙烷/(mg/L)	0.03
26	乙苯/(mg/L)	0.3
27	1,2-二氯苯/(mg/L)	1
28	硝基苯/(mg/L)	0.017
29	双酚 A/(mg/L)	0.01
30	丙烯腈/(mg/L)	0.1
31	丙烯醛/(mg/L)	0.1
32	戊二醛/(mg/L)	0.07
33	二(2-乙基己基)己二酸酯/(mg/L)	0.4
34	邻苯二甲酸二乙酯/(mg/L)	0.3
35	邻苯二甲酸二丁酯/(mg/L)	0.003
36	多环芳烃(总量)/(mg/L)	0.002
37	多氯联苯(总量)/(mg/L)	0.0005

序号	指标	限值
38	二噁英(2,3,7,8-四氯二苯并对二噁英)/(mg/L)	0.00000003
39	全氟辛酸/(mg/L)	0.00008
40	全氟辛烷磺酸/(mg/L)	0.00004
41	丙烯酸/(mg/L)	0.5
42	环烷酸/(mg/L)	1.0
43	丁基黄原酸/(mg/L)	0.001
44	β-萘酚/(mg/L)	0.4
45	二甲基二硫醚/(mg/L)	0.00003
46	二甲基三硫醚/(mg/L)	0.00003
47	苯甲醚/(mg/L)	0.05
48	石油类(总量)/(mg/L)	0.05
49	总有机碳/(mg/L)	5
50	碘化物/(mg/L)	0.1
51	硫化物/(mg/L)	0.02
52	亚硝酸盐(以 N 计)/(mg/L)	1
53	石棉(纤维＞10μm)/(10^4 个/L)	700
54	铀/(mg/L)	0.03
55	镭-226/(Bq/L)	1

参考文献

［1］ 马杰，于飞，曹江林. 环境材料概论［M］. 北京：化学工业出版社，2023.

［2］ 王兵，王倩，吴攀，等. 生物炭在环境治理中的应用：原理、技术与实践［M］. 北京：电子工业出版社，2024.

［3］ QIAO B T, WANG A Q, YANG X F, et al. Single-atom catalysis of CO oxidation using Pt_1/FeO_x［J］. Nature Chemistry, 2011, 3 (8)：634-641.

［4］ LI X N, HUANG X, XI S B, et al. Single cobalt atoms anchored on porous N-doped graphene with dual reaction sites for efficient Fenton-like catalysis［J］. Journal of the American Chemical Society, 2018, 140 (39)：12469-12475.

［5］ WANG K, HAN C, SHAO Z P, et al. Perovskite oxide catalysts for advanced oxidation reactions［J］. Advanced Functional Materials, 2021, 31 (30)：2102089.

［6］ 贺泓，李俊华，何洪，等. 环境催化——原理及应用［M］. 2版. 北京：科学出版社，2021.

［7］ GAO P P, TIAN X K, NIE Y L, et al. Promoted peroxymonosulfate activation into singlet oxygen over perovskite for ofloxacin degradation by controlling the oxygen defect concentration［J］. Chemical Engineering Journal, 2019, 359：828-839.

［8］ ZHANG H J, HE Y Y, HE M F, et al. Single-atom Mn-embedded carbon nitride as highly efficient peroxymonosulfate catalyst for the harmful algal blooms control［J］. Science of The Total Environment, 2024, 919：170915.

［9］ GAO P P, HE Y Y, LU S H, et al. Activation of peroxymonosulfate by La_2CuO_4 perovskite for synergistic removal of *Microcystis aeruginosa* and microcystin-LR in harmful algal bloom impacted water［J］. Applied Catalysis B：Environmental, 2023：122511.

［10］ ZHANG H J, HE Y Y, HE M F, et al. Construction of cubic $CaTiO_3$ perovskite modified by highly-dispersed cobalt for efficient catalytic degradation of psychoactive pharmaceuticals［J］. Journal of Hazardous Materials, 2023, 459：132191.

［11］ GAO P P, TIAN X K, FU W, et al. Copper in $LaMnO_3$ to promote peroxymonosulfate activation by regulating the reactive oxygen species in sulfamethoxazole degradation［J］. Journal of Hazardous Materials, 2021, 411：125163.

［12］ LEE J, VON GUNTEN U, KIM J H. Persulfate-based advanced oxidation：Critical assessment of opportunities and roadblocks［J］. Environmental Science & Technology, 2020, 54 (6)：3064-3081.

［13］ 董德明，朱利中. 环境化学实验［M］. 2版. 北京：高等教育出版社，2009.

［14］ 陈景文，谢宏彬，全燮. 环境化学［M］. 2版. 北京：科学出版社，2023.

［15］ 江桂斌，郑明辉，冯玉杰，等. 环境化学前沿：第三辑［M］. 北京：科学出版社，2022.

［16］ ZHANG Q Q, YING G G, PAN C G, et al. Comprehensive evaluation of antibiotics emission and fate in the river basins of China：Source analysis, multimedia modeling, and linkage to bacterial resistance［J］. Environmental Science & Technology, 2015, 49 (11)：6772-6782.

［17］ ZHU H Y, ZHANG P F, DAI S. Recent advances of lanthanum-based perovskite oxides for catalysis［J］. ACS Catalysis, 2015, 5 (11)：6370-6385.